Ludwig Freund

Kommentar zur neuen Signalordnung und zu den neuen Grundzügen der Vorschriften für den Verkehrsdienst

ISBN/EAN: 9783944351063

Auflage: 1

Erscheinungsjahr: 2013

Erscheinungsort: Bremen, Deutschland

@ Technikverlag in Access Verlag GmbH, Fahrenheitstr. 1, 28359 Bremen. Alle Rechte beim Verlag und bei den jeweiligen Lizenzgebern.

Cover: Foto ©Frank Vincentz

Ludwig Freund

Kommentar zur neuen Signalordnung und zu den neuen Grundzügen der Vorschriften für den Verkehrsdienst

Technik
Verlag

Die in Fachkreisen mit Spannung erwartete Publikation der zwischen den Regierungen Österreichs und Ungarns einvernehmlich festgesetzten einheitlichen Grundlagen, auf welchen die Vorschriften für die Ausführung des Verkehrsdienstes auf den österreichischen und ungarischen Eisenbahnen in Zukunft beruhen sollen, nämlich der „Signalordnung für die Haupt- und Lokalbahnen" und der „Grundzüge der Vorschriften für den Verkehrsdienst auf Hauptbahnen" ist mittels einer im „Verordnungsblatt für Eisenbahnen und Schiffahrt" vom 30. April 1904 verlautbarten Verordnung des Eisenbahnministeriums erfolgt.

Dieser Verordnung gemäß haben die seit dem Jahre 1877 bestehende „Signalordung für die Eisenbahnen Österreich-Ungarns mit normalem Betrieb" und die im Jahre 1876 eingeführten „Grundzüge der Vorschriften für den Verkehrsdienst auf Eisenbahnen mit normalem Betrieb" am 1. Mai 1905 außer Kraft zu treten, mit welchem Tage die Wirksamkeit der neuen „Signalordnung" und „Grundzüge" beginnt.

Die Bedeutung dieser Änderung dürfte am klarsten durch Erwähnung der Tatsache beleuchtet werden, daß schon zu Beginn der Neunzigerjahre des vorigen Jahrhunderts die Ausarbeitung neuer einheitlicher Signal- und Verkehrsvorschriften in Angriff genommen wurde, für welche durch den in diese Zeit fallenden bedeutenden Aufschwung des Eisenbahnverkehrs ein Bedürfnis gegeben war.

Dieser Aufschwung, welcher einerseits in der Zunahme der Verkehrsdichte, in der mannigfachen Gliederung der Züge und in der Erhöhung der Fahrgeschwindigkeit, andererseits in dem Bestreben nach Schaffung von Zugeinheiten, durch welche unter Wahrung der gebotenen Ökonomie den zahlreichen Forderungen nach Vermehrung und Beschleunigung der personenführenden Züge Rechnung getragen werden soll, seinen Ausdruck findet, im Vereine mit den ingeniösen, auf die Sicherung des Zugverkehrs abzielenden Hilfsmitteln, derer die moderne Betriebstechnik nicht entraten kann, ließ es von vornherein als ein schwieriges Werk erscheinen, einheitliche Signal- und Verkehrsvorschriften aufzustellen, durch welche, wie es der praktische Dienst erfordert, jedes Detail der Verkehrsausführung mit allgemeiner Gültigkeit geregelt werden sollte.

Diese Schwierigkeit trat klar zutage, als der von der gemeinsamen Konferenz der österr.-ungar. Eisenbahndirektoren nach jahrelangen, im Schoße des Verkehrskomitees abgehaltenen Beratungen festgesetzte Entwurf solcher Vorschriften den beiden Regierungen zur Genehmigung vorgelegt wurde. In diesen Zeitpunkt fiel nämlich die Einführung des Fahrens im Raumabstand auf den österreichischen Staatsbahnen, welche, aus der Initiative Sr. Exzellenz des Herrn Eisenbahnministers Dr. Heinrich Ritter v. Wittek hervorgegangene Reform auf sämtliche österreichischen Eisenbahnen auszudehnen, schon damals feststand.

Da nun die in den Entwürfen der neuen Vorschriften auf die Abfertigung und den Verkehr von in gleicher Richtung fahrenden Zügen bezüglichen Bestimmungen ausschließlich auf das im Betrieb der Eisenbahnen beider Staatsgebiete der Monarchie bisher vorherrschende System der Zugfolge im Zeitabstand aufgebaut waren und die ausnahmsweise, durch elektrische Blockwerke vermittelte Anwendung der Zugfolge im Raumabstand nach wie vor durch besondere Vorschriften geregelt wissen wollten, so mußte, um den mittlerweile eingetretenen Verhältnissen Rechnung zu tragen, von vornherein eine solche Ergänzung dieser Bestimmungen angestrebt werden, wie sie der auf den österreichischen Staatsbahnen schon geschaffene Zustand unabweisbar erforderte. Die in dieser Beziehung zwischen den beiden Regierungen angebahnten Verhandlungen gestalteten sich infolge des Umstandes, daß die Zugfolge in Zeitdistanz auf den Eisenbahnen Ungarns während einer nicht näher bestimmbaren Zeitperiode noch beibehalten werden muß, ziemlich langwierig.

Als schließlich die im Gegenstand zu pflegenden mündlichen Beratungen der beiderseitigen hiezu delegierten Vertreter beider Regierungen aufgenommen wurden, gelangte man unschwer zu der Überzeugung, daß, abgesehen von der schon angedeuteten Schwierigkeit, die Feststellung von Detailnormen, in welchen beide für die Abfertigung von in gleicher Richtung verkehrenden Zügen maßgebenden Systeme neben und zwischen einander Berücksichtigung fänden, nicht nur die allseits angestrebte Klarheit und Vereinfachung der Vorschriften vermissen ließe, sondern für die österreichischen Eisenbahnen einen ganz unnötigen, daher vom Standpunkte der Aneignung und Durchführung dieser Vorschriften direkt schädlichen Ballast dargestellt hätte.

Diese Erkenntnis, sowie das beiderseits vorherrschende Bestreben, sich rücksichtlich solcher, einen Grundsatz der Verkehrsausführung nicht berührenden Detailbestimmungen der Vorschriften, deren durch abweichende Verhältnisse oder von Fall zu Fall zutage tretende Bedürfnisse gebotene Abänderung jeweils notwendig wird, nicht zu binden, oder besser gesagt, solche Abänderungen ohne das sonst erforderliche Einverständnis unabhängig voneinander vornehmen zu können, führten sehr bald zu der Vereinbarung, daß es im beiderseitigen Interesse erwünschter erscheine, in die Beratung der vorliegenden Entwürfe der Signal- und Verkehrsvorschriften nicht einzugehen und den Bestimmungen des Artikels VIII des zwischen den beiden Staaten der Monarchie bestehenden Zoll- und Handelsbündnisses, wonach die bestehenden Eisenbahnen in beiden Ländergebieten — Lokalbahnen, welche die Grenzen des Ländergebietes nicht überschreiten, ausgenommen — nach gleichartigen Grundsätzen verwaltet werden sollen, in Ansehung des Verkehrsdienstes, wie bisher, durch Vereinbarung einer einheitlichen „Signalordnung für Haupt- und Lokalbahnen" und einheitlicher „Grundzüge der Vorschriften für den Verkehrsdienst auf Hauptbahnen" zu entsprechen.

Es darf nicht unerwähnt gelassen werden, daß es sich dabei nicht um ein neues, von Grund aus aufzubauendes Werk, sondern nur darum handelte, die bestehende Signalordnung und die Grundzüge einer durchgreifenden Revision zu unterziehen, die reichen Erfahrungen zu verwerten, welche während ihrer bisherigen Geltungsdauer gesammelt worden sind und für die bewährten technischen Errungenschaften, welche dem Eisenbahn-verkehr der Gegenwart ihren Stempel aufdrücken, einen genügend weiten Spielraum zu schaffen.

Die Signalordnung auch auf die Lokalbahnen aus-zudehnen, dabei jedoch die ihrem Betrieb angemessenen Erleichterungen derart festzusetzen, daß die durch die Eigenart der Linien sekundären Charakters gebotenen Ausnahmen in jedem der beiden Ländergebiete jederzeit selbständig verfügt werden können, erschien durch höhere Rücksichten geboten.

Diese kurze Entstehungsgeschichte der Besprechung der wesentlichsten, in der Signalordnung und in den Grundzügen aufgenommenen Neuerungen vorauszuschicken, erschien nicht überflüssig, weil in ihr die Aufklärung für die Verzögerung der lange erwarteten Feststellung der entworfenen einheitlichen Signal- und Verkehrsvor-schriften zu finden ist, welche unter den angedeuteten Umständen nicht vermieden werden konnte.

Die Gesichtspunkte, von welchen sich die zur Be-ratung der Signalordnung und der Grundzüge berufenen beiderseitigen Vertreter leiten ließen, waren folgende:

1. Der fortschreitenden Entwicklung des Verkehrs Rechnung tragend, wäre für die Anwendung aller Hilfs-mittel der modernen Betriebstechnik ein Rahmen zu schaffen, welcher weitere Fortschritte nach keiner Rich-tung hin beschränkt und insbesondere für die Erhöhung der Fahrgeschwindigkeit auf den hervorragendsten Bahn-strecken den erforderlichen Raum bietet;

2. für die Sicherung eines derart gearteten Ver-kehrs müsse durch Anordnung entsprechender Signal-und sonstiger dem Zweck angepaßten Betriebseinrich-tungen die nötige Vorsorge getroffen werden;

3. auf die ordnungsmäßige Durchführung des Verkehrsdienstes sei durch einfache, leicht verständliche und jegliche Doppeldeutung ausschließende Bestimmungen hinzuwirken;

4. es seien alle in den gegenwärtig in Wirksamkeit stehenden Vorschriften enthaltenen Bestimmungen zu beseitigen, deren Durchführung während der Ausübung des Dienstes fortgesetzt solchen Schwierigkeiten begegnet, daß ihre Befolgung schon unter gewöhnlichen Verhältnissen in Frage gestellt erscheint; es müsse ferner vermieden werden, den Bediensteten Verpflichtungen aufzuerlegen, deren strikte Beobachtung nicht gefordert werden kann, wenn anders auf die bei der Ausübung bestimmter Funktionen gebotene Beschleunigung zum Nachteil der Regelmäßigkeit des Zugverkehrs nicht verzichtet werden soll;

5. es sei zu trachten, Bestimmungen, deren bisherige bindende Fassung einzelnen oder mehreren Bediensteten eine, wie sich in der Praxis herausgestellt hat, illusorische Verantwortung auferlegt, in eine Form zu bringen, welche den Umfang der Obliegenheiten und das Maß der Verantwortlichkeit jedes einzelnen Bediensteten in unzweifelhafter Weise kennzeichnet und es vermeidet, die gleichzeitige Verantwortlichkeit mehrerer Bediensteten oder sogar Bedienstetengruppen dort zu statuieren, wo die Befolgung anderer Vorschriften zu einer Pflichtenkollision drängt;

6. durch Hinweglassung jeglicher Ausführungsdetails, insofern die Aufnahme solcher nicht durch höhere Interessen geboten erscheint, sei der Spielraum zu gewähren für die Regelung des Verkehrsdienstes in der durch die vorherrschende Eigenart gebotenen Form;

7. in der Anordnung des Stoffes sei die leichte Übersichtlichkeit anzustreben; die für die österreichischen

Eisenbahnen unverbindlichen Bestimmungen über die Zugfolge im Zeitabstand seien den die Regel darstellenden Normen über die Zugfolge im Raumabstand als Ausnahme nachzusetzen.

Die neue Signalordnung.

Zum Inhalt der neuen Signalordnung übergehend sei zunächst bemerkt, daß an dem Entwurf der von der Direktorenkonferenz vorgelegten Signalordnung, in welcher neben den im folgenden zu besprechenden Neuerungen die bisherigen Signalbegriffe und Signaleinrichtungen ihrer Mehrzahl nach unverändert aufgenommen waren, einschneidende Änderungen nicht vorgenommen wurden. Der Umstand, daß neben diesem Entwurf auch noch ein Entwurf einheitlicher Ausführungsvorschriften zur Signalordnung vorlag, in welchem sämtliche Bestimmungen betreffend die Situierung, Einrichtung und Anwendung der Signale aufgenommen waren, während bei Festsetzung der neuen Signalordnung, wie bereits erwähnt, von allen Ausführungsdetails abgesehen wurde, bildete den Grund dafür, daß in letzterer jedem Signalbegriff eine Erläuterung beigefügt wurde, welche in knappen Worten die Bestimmung, Bedeutung und Anwendung des Signals in einer für die Ausführung maßgebenden Form umschreibt.

Als wichtigste Neuerung ist das in der Signalordnung zur vollen Durchbildung gelangte Prinzip zu bezeichnen, daß dem Zug kein Signal oder Signallicht gezeigt werden darf, welches für das Zugpersonal nicht unbedingt Bedeutung besitzt. In Zukunft wird nur das weiße Licht „frei" bedeuten; bei Wahrnehmung des grünen Lichtes muß langsam gefahren, wenn rotes Licht erscheint, muß unbedingt gehalten werden. In der gegenwärtig gül-

tigen Signalordnung kommen mehrfache Abweichungen
von diesem Grundsatze vor; so wird beispielsweise Signal 20
„Erlaubte Einfahrt" am Distanz- oder Einfahrsignal bei
Dunkelheit mit grünem Licht gegeben, trotzdem schnell-
fahrende Züge bei Wahrnehmung dieses Signals die vorgeschriebene Geschwindigkeit gar nicht oder nur un-
wesentlich herabmindern können, wenn nicht eine Über-
schreitung der fahrordnungsmäßigen Fahrzeit eintreten
soll. Das Gleiche gilt vom Signal 24 „Stellung der Weiche
in gerader Richtung", wobei dem Zug bei Fahrten gegen
die Spitze grünes Licht auch dann gezeigt wird, wenn
solche Weichen, was unter bestimmten Voraussetzungen
häufig geschieht, mit einer Geschwindigkeit von 60 *km*/Std.
befahren werden.

Durch die konsequente Durchführung des bezeichneten Prinzips erscheint ferner ein Übelstand beseitigt,
welcher ganz besonders vom Personal der während der
Beleuchtungszeit in größere Stationen einfahrenden Züge
empfunden wurde. Man vergegenwärtige sich die Situation
des Lokomotivführers eines auf einer eingleisigen Strecke
verkehrenden Schnellzuges, welcher sich unter den jetzigen
Verhältnissen einer großen Station nähert. Rote Lichter
der Schluß-Signale an stehenden Zügen, denen vorgefahren
werden soll, rote Lichter an der Spitze der die Kreuzung
abwartenden Gegenzüge, rotes Licht an der auf einem
Seitengleise stehenden oder in Bewegung befindlichen
Verschiebelokomotive: alle diese eigentlich eine Gefahr
anzeigenden Lichter dürfen für ihn keine Bedeutung haben;
einzig und allein den seine Fahrstraße kennzeichnenden
Signallichtern am Einfahrsignal, wenn ein solches vorhanden ist, und an den Weichensignalkörpern sind für
die Wahrnehmung der unbehinderten Einfahrt maßgebend.

In Zukunft ist durch die Bestimmung der Signalordnung, wonach beim Einholen und Vorfahren von Zügen, sowie bei Kreuzungen an allen in der Station stehenden Zügen und Lokomotiven, wenn sie für den einfahrenden Zug kein Hindernis bilden, die dem einfahrenden Zuge entgegenleuchtenden roten und grünen Lichter, falls sie denselben in seiner Fahrt beirren können, über Auftrag des berufenen Organes der Station zu beseitigen oder in weiße zu verwandeln sind, diesem Übelstande abgeholfen; wird daher der Lokomotivführer in der Station auch nur ein rotes Licht wahrnehmen, so muß er auf ein für die Fahrt seines Zuges gefahrbringendes Hindernis schließen und dementsprechend den Zug mit allen ihm zu Gebote stehenden Mitteln anhalten; die Wahrnehmung eines grünen Lichtes wird ihn zur Verminderung der Geschwindigkeit bis zu der durch das Signal „Langsam" gebotenen Grenze nötigen, kurz, er wird niemals im Zweifel darüber sein, was er zur Sicherung des von ihm geführten Zuges vorzukehren hat.

Es braucht nicht erst besonders betont zu werden, welche wohltätigen Folgen diese jeden Zweifel ausschließende Bedeutung der roten und grünen Signallichter auch in der Richtung auszuüben berufen ist, daß das gesamte Personal sich gewöhnt, ein wahrgenommenes Signallicht als ein unverletzbares Gebot anzusehen und dadurch in seinem Verhalten niemals schwankend zu werden braucht.

Die Einschaltung „falls sie denselben in seiner Fahrt beirren können" wurde als notwendig erkannt, da es Stationsanlagen gibt, in welchen die Aufstellung von Zügen auf Nebengleisen derart angeordnet werden kann, daß die Annahme, es könnte aus dieser Aufstellung eine Gefährdung des einfahrenden Zuges eintreten, gänzlich ausgeschlossen erscheint.

Die in Übereinstimmung mit dem blauen Licht des fixen Verschubsignals eingeführte Kennzeichnung der Verschiebelokomotiven mit je einer an der Brust und an der Tenderseite angebrachten, blaues Licht zeigenden Signallaterne gehört zu den besprochenen, auf die Klarheit der Signalisierung abzielenden Maßnahmen.

Nicht minder wichtig ist die mit der neuen Signalordnung eingeführte Verwendung von Vorsignalen vor feststehenden Signalen, welche, wie ihr Name besagt, die Bestimmung haben, dem Zug anzuzeigen, ob das zugehörige mit ihm in eine bestimmte Abhängigkeit gebrachte Signal auf „Frei" oder auf „Halt" gestellt ist. Das Vorsignal hat aus einer runden oder viereckigen, auf einer Seite grünen beweglichen Scheibe zu bestehen, in welche, wie bei den jetzigen scheibenförmigen Distanzsignalen, eine quadratische oder kreisförmige Öffnung für das Nachtsignal eingeschnitten ist. Bei Tag wird die Stellung „Frei" des zugehörigen Signals angezeigt, indem die Fläche der Scheibe dem Gleis zugekehrt oder horizontal gestellt ist, so daß vom Zug aus nur die Kante der Scheibe wahrnehmbar ist. Bei Dunkelheit ist dem Zug weißes Licht zugewendet.

Die Stellung „Langsam" des zugehörigen Signals wird bei Tag durch die dem ·Zug zugekehrte grüne Scheibenfläche, bei Dunkelheit durch grünes Licht gekennzeichnet.

Das Vorsignal ist auf Bremsdistanz vor dem zugehörigen Mastsignal aufzustellen, damit der Zug bei Wahrnehmung des Signals „Langsam" am Vorsignal mit Sicherheit noch vor dem Mastsignal zum Stillstand gebracht werden kann. Das Vorsignal soll vom Zug aus auf eine Entfernung von mindestens 150 *m* sichtbar sein.

a Vorsignal; *b* Einfahrsignal; *c* Punkt, bi zu welchem verschoben werden darf; *d* Äußerste Weiche der Station.

Bremsdistanz

Da die Signalordnung die obligatorische Einführung des Vorsignals vor allen Einfahrsignalen und die gegenseitige Abhängigkeit dieser Signale festsetzt, so sei an dieser Stelle die Beschaffenheit und Bedeutung der künftigen Einfahrsignale besprochen.

Das gegenwärtige Distanzsignal, mittels dessen dem sich nähernden Zug angezeigt wird, ob die Einfahrt frei oder verboten ist, hat auf die Entfernung von 500 *m* von der Spitze der äußersten Weiche der Station oder vor dem Abzweigungs- oder Kreuzungspunkt derart aufgestellt zu werden, daß es dem Zug schon auf 400 *m* sichtbar sei.

Diese Entfernungen reichen bei der hohen Geschwindigkeit, mit welcher die Schnellzüge derzeit verkehren, nicht aus, um bei der Stellung „Verbot der Einfahrt" am Distanzsignal das rechtzeitige Anhalten des Zuges vor diesem Signal sicherzustellen. Es muß daher mit der Möglichkeit des Überfahrens des Distanzsignals und mit der gefahrvollen Annäherung des Zuges an das die Einfahrt verbietende Hindernis in allen Fällen gerechnet werden, in welchen das Personal insbesondere durchfahrender Schnellzüge von der Verbotstellung dieses Signals nicht schon vorher verständigt werden kann.

Das gegenwärtig vor Stationen mit Sicherungsanlagen oder vor Bahnabzweigungen angewendete, in Abhängigkeit von der Weichenstellung gebrachte Einfahrsignal, welches in der Entfernung zwischen 50—100 *m* von der ersten, in die Sicherungsanlage einbezogenen Weiche aufgestellt werden soll, zeigt dem einfahrenden Zug die einzuschlagende Richtung und die richtige Stellung der in seiner Fahrstraße befindlichen Weichen an, es kommt somit rücksichtlich der Gestaltung der Einfahrt überhaupt erst in zweiter Reihe in Betracht.

Das künftige Einfahrsignal, welches dort, wo Sicherungsanlagen vorhanden sind, mit der Weichenstellung in Abhängigkeit gebracht werden muß, wird vor allen Stationen, Bahnabzweigungen und Bahnkreuzungen in Schienenhöhe anzuwenden sein und hat, wie das jetzige Distanzsignal die Bestimmung, dem Zug anzuzeigen, ob in die Station eingefahren werden darf oder nicht und, konform dem der jetzt gültigen Signalordnung entsprechenden Einfahrsignal, ob die Einfahrt in gerader Richtung oder in die Ablenkung stattfindet, bei Bahnabzweigungen oder Bahnkreuzungen, ob die zu deckende Stelle befahren werden darf oder nicht.

Die Einfahrsignale werden je nach den örtlichen Verhältnissen in einer mindestens 100 *m* betragenden Entfernung von der äußersten Weiche der Station, bezw. vor jenem Punkte der Station, Bahnabzweigung oder Bahnkreuzung in Schienenhöhe aufzustellen sein, welcher gedeckt werden soll.

Muß jedoch auf 'dem Einfahrgleis verschoben werden, so ist das Einfahrsignal mindestens 50 *m* vor jenem Punkt aufzustellen, bis zu welchem die regelmäßigen Verschiebungen reichen dürfen.

Die bereits angedeutete Abhängigkeit des Vorsignals mit dem stets auf derselben Bahnseite anzuordnenden Hauptsignal muß derart angeordnet sein, daß sich die Signalstellung entweder an beiden Signalen gleichzeitig ändert, oder daß das Vorsignal erst dann auf „Frei" gestellt werden kann, wenn vorher das Hauptsignal auf „Frei" gestellt wurde und das Signal „Langsam" am Vorsignal erscheinen muß, bevor das Hauptsignal in die Stellung „Halt" gebracht wird. Die vorstehende Skizze veranschaulicht die vorgeschriebene Situierung der Vor- und Einfahrsignale einer Station.

Durch die Einführung der Vorsignale ist die Möglichkeit gegeben, daß der Zug selbst unter den ungünstigsten Witterungsverhältnissen noch vor einem auf „Halt" stehenden Einfahrsignal anhalten kann, wodurch für das Lokomotiv- und Zugbegleitungspersonal eine außerordentliche Erleichterung in der richtigen Wahrnehmung der für die Einfahrt in die Station maßgebenden Signale eintritt und eine zweifelhafte Auffassung als ausgeschlossen angesehen werden kann.

Die Anwendung von Vorsignalen bei Raumabschluß- sowie bei Ausfahr- und sonstigen in der neuen Signalordnung vorgesehenen Mastsignalen wurde nicht allgemein geregelt; es bleibt vielmehr den Eisenbahnverwaltungen überlassen, Vorsignale überall dort aufzustellen, wo es die lokalen Verhältnisse geboten erscheinen lassen. Da jedoch die Anwendung dieser Signale insbesondere vor den Mastsignalen der mit elektrischen Blockapparaten ausgestatteten, dicht befahrenen Strecken den großen Vorteil bietet, daß der Lokomotivführer über die Stellung des den Raumabschnitt begrenzenden Hauptsignals rechtzeitig unterrichtet wird und danach die Zuggeschwindigkeit regeln kann, so steht zu erwarten, daß von diesem Mittel der ausgiebigste Gebrauch gemacht werden wird.

Mit der Einführung der Vorsignale steht die Frage, ob auf doppelgleisigen Strecken künftighin rechts oder links gefahren werden soll, in engstem Zusammenhang.

Das Interesse der Verkehrssicherheit erfordert es nämlich, daß die Vor- und Einfahrsignale sowie alle übrigen Bahnzustandsignale auf der dem Stand des Lokomotivführers entsprechenden Seite aufgestellt werden, da nur in einer solchen Anordnung der Signale die Gewähr für ihre rechtzeitige Wahrnehmung erblickt werden kann. Der Führerstand befindet sich bekanntlich auf der rechten Seite der Lokomotiven. Bei dem Umstande nun, als, mit Ausnahme der doppelgleisigen Strecken der priv. österr.-ungar. Staats-Eisenbahn-Gesellschaft und der k. k. priv. Aussig-Teplitzer Eisenbahn-Gesellschaft, auf sämtlichen doppelgleisigen Linien der österreichischen Eisenbahnen das in der Fahrtrichtung linke Gleis befahren wird, müßten, wenn der erwähnten Forderung im vollen Umfang entsprochen werden soll, die Signale zwischen beiden Gleisen aufgestellt werden, was aus räumlichen Gründen nicht durchführbar ist. Es wurde daher die Änderung der bisherigen das Linksfahren verfügenden Anordnung zu dem Zweck ins Auge gefaßt, um der Stellung des Lokomotivführers beim Rechtsfahren entsprechend die Signale an der Außenseite der Gleise aufstellen zu können.

Die bisherigen Distanz- und Einfahrsignale — letztere Signale haben zum Unterschied von den durch die neue Signalordnung eingeführten Einfahrsignalen die Bezeichnung Richtungssignale erhalten — müssen während einer bestimmten Übergangsperiode noch in Verwendung bleiben, weshalb die darauf bezüglichen Bestimmungen in einem Nachtrag zur Signalordnung zusammengefaßt wurden.

Die Mastsignale können nach der neuen Signalordnung auch als sogenannte „Wegesignale" verwendet werden, welche innerhalb großer Stationen zur Kennzeichnung von Fahrstraßen zu dienen haben, die nicht schon durch das Einfahr- oder Ausfahrsignal bezeichnet sind.

Solche Signale müssen mit den Weichen- und Einfahr- bezw. mit den Ausfahrsignalen in Abhängigkeit gebracht werden.

Neu aufgenommen wurden ferner die schon dermalen vielfach in Verwendung stehenden fixen Verschubsignale, viereckige, auf einer Seite in weißer Umrahmung blau (gegenwärtig rot) angestrichene Scheiben, mittels welcher „Erlaubte Verschiebung", bei Tag die Fläche der Scheibe dem Gleis zugewendet oder horizontal gestellt, bei Dunkelheit je nach Bedarf nach einer oder beiden Fahrtrichtungen „weißes Licht" und „Verbot der Verschiebung", bei Tag die blau-weiße Fläche der Scheibe, bei Dunkelheit blaues Licht nach einer oder beiden Fahrtrichtungen signalisiert werden kann.

Als sonstige Neuerungen sind noch hervorzuheben :

a) Bei Festsetzung der Glockenschlagwerksignale obwaltete das Bestreben einer tunlichen Vereinfachung. Demzufolge wurden die in der jetzigen Signalordnung enthaltenen, jedoch als entbehrlich erkannten Signale 53 „der Zug fährt von der Strecke auf dem unrichtigen Gleis gegen den Endpunkt der Linie", 54 „der Zug fährt von der Strecke auf dem unrichtigen Gleis gegen den Anfangspunkt der Linie" und 55 „die Strecke ist verweht" gänzlich eliminiert, ferner wurde bei den Signalen 5 (künftig 10) „Lokomotive soll kommen", 6 (künftig 11) „Lokomotive mit Arbeitern soll kommen" und 6 *a* (künftig 12) „Lokomotive mit Arbeitern und Ärzten soll kommen" je eine Gruppe weggelassen und bei den Signalen 10 (künftig 5) „der Zug fährt auf dem unrichtigen Gleis gegen den Endpunkt der Linie" und (künftig 6) „der Zug fährt auf dem unrichtigen Gleis gegen den Endpunkt der Linie", dann bei den Signalen 51 (künftig 7) „der Zug fährt von der Strecke gegen den Endpunkt der Linie" und 52 (künftig 8) „der Zug fährt von der Strecke gegen den Anfangspunkt der Linie" teils eine gänzliche Neugruppierung, teils eine Kürzung der bisher aus neun Glockenschlägen bestehenden Gruppe vorgenommen.

Unter Berücksichtigung der fortschreitenden Ausrüstung der stärker befahrenen Linien mit Telephonleitungen, in welche die Block-Zugmelde- und Wächterposten eingeschaltet werden, wurde in die neue Signalordnung die Bestimmung aufgenommen, daß die Glockenschlagwerk-Signale mit Zustimmung der zuständigen Behörde in jenen Bahnstrecken ganz oder teilweise entfallen können, in welchen für die verläßliche Verständigung des Stations- und Zugsbegleitungspersonals in anderer Weise vorgesorgt ist.

b) Die Anordnung der Signale des Streckenpersonals weist gegenüber dem jetzigen Zustande einige bemerkenswerte Unterschiede auf.

In Durchführung des Prinzips, daß jeder Signalfarbe nur eine bestimmte Bedeutung beigemessen werden darf, wird bei Tag das Signal „Frei" durch Einstecken der Signalscheibe in das Bankett, die w e i ß e Fläche dem Zug entgegen, das Signal „Langsam" durch ruhiges Halten der Signalscheibe, die g r ü n e Fläche dem Zug entgegen, oder Einstecken der Signalscheibe in das Bankett, die grüne Fläche dem Zug entgegen und das Signal „Halt" durch Einstecken der Signalscheibe in das Bankett, die r o t e Fläche dem Zug entgegen, gegeben.

Zur Vermeidung des Überschreitens des Schienenstranges, daher im Interesse der persönlichen Sicherheit des Streckenpersonals, wurde bestimmt, daß auch beim Geben des Signals „Halt" die Signalscheibe oder die Signallaterne nicht in die Mitte des Gleises, sondern in allen Fällen in das Bankett einzustecken, bezw. neben dem Gleis aufzustellen ist.

Die Entfernungen, auf welche die Signale „Langsam" und „Halt" seitens des Streckenpersonals zu geben sind, wurden in der neuen Signalordnung nicht in der bisherigen Art zum Ausdruck gebracht. Da das Signal „Langsam" die Bedeutung erhielt, daß die betreffende Strecke höchstens mit der halben normalen Geschwindigkeit befahren werden darf — nach der bisherigen Bestimmung muß der Lokomotivführer bei Wahrnehmung des Signals „Langsam" die Geschwinigkeit so weit mäßigen, daß er den Zug ausreichend in der Gewalt hat, um ihn rechtzeitig zum Halten zu bringen, wenn ein Hindernis oder Haltesignal sichtbar wird — so wird dieses Signal je nach den Neigungsverhältnissen in verschiedenen Entfernungen, jedoch stets so zu geben sein, daß es vom Zug aus womöglich auf eine Entfernung von 200 m wahrnehmbar sei.

Das Signal „Halt" muß in einer der Bremsdistanz in der betreffenden Strecke mindestens gleichkommenden Entfernung vor dem Fahrthindernis derart gegeben werden, daß der Zug noch vor diesem Signal zum Stehen gebracht werden kann.

Diese Entfernungen, welche unter bestimmten Verhältnissen die gegenwärtig limitierten Abstände der mittels tragbarer Signaleinrichtungen zu gebenden Signale von dem Fahrthindernis sehr beträchtlich übersteigen werden, müssen daher in Zukunft für jede einzelne Strecke besonders ermittelt und dem Personal bekannt gegeben werden.

c) Rücksichtlich der Weichensignalkörper kommt zu bemerken, daß die Stellung der Weiche für die gerade (günstigere) Richtung bei versicherten oder verläßlich verschlossenen Weichen, welche nach den Bestimmungen der „Grundzüge der Vorschriften für den Verkehrsdienst auf Hauptbahnen" mit der Geschwindigkeit von 60 km/St. befahren werden dürfen, durch ein aufrecht stehendes weißes Rechteck nach beiden Fahrtrichtungen zu signalisieren ist.

Bei nicht versicherten oder nicht verläßlich verschlossenen Weichen ist bei der Fahrt gegen die Spitze ein aufrecht stehendes grünes Rechteck, bei der Fahrt nach der Spitze ein aufrecht stehendes weißes Rechteck sichtbar. Für die verschiedenen Stellungen der Kreuzungsweichen (englische Weichen) mit einem oder mit zwei Antrieben wurde die die Fahrtrichtungen anzeigenden Signalbilder einheitlich festgestellt.

d) Das rote Licht der den Standort des Wasserkrans kennzeichnenden Laterne, durch welches bisher die Querstellung des Auslaufrohres gekennzeichnet wurde, ist nach den Bestimmungen der neuen Signalordnung durch matt- weißes Licht zu ersetzen. Für diese im Geiste des ausführlich besprochenen Grundsatzes gelegene Änderung war nicht nur der Umstand maßgebend, daß die schiefe Stellung der Laterne, welche sich als Folge der nicht vollständigen Umdrehung des Auslaufrohres ergibt, zu einer zweifelhaften Auffassung des beabsichtigten Signals geben kann, sondern auch die Tatsache, daß die fast allenthalben durchgeführte Rekonstruktion der Wasserkrane das Hineinragen in das Lichtraumprofil des benachbarten freien Gleises ausschließt.

c) Die bei Lokalbahnen gegenwärtig zur Kennzeichnung der Spitze und des Schlusses des Zuges in Anwendung stehenden Signale wurden in die neue Signalordnung aufgenommen. Die Signale für den Zugschluß erfuhren rücksichtlich der als zweite Linie erklärten Strecke zweier Parallelbahnen eine entsprechende Ergänzung.

e) Der Ersetzung des r o t e n Lichtes der an Verschublokomotiven anzubringenden Laternen durch b l a u e s Licht wurde bereits Erwähnung getan.

f) Die an Bahnwagen und Draisinen anzubringenden Signale, welche bisher durch den Artikel 26 der Signalisierungsvorschrift festgesetzt waren, wurden als allgemein anzuwenden in die Signalordnung aufgenommen.

g) Die Postorgane haben während der Dauer der Postmanipulation bei Tag eine b l a u e Fahne, bei Dunkelheit eine dreischeinige Laterne mit b l a u e m Licht auszustecken.

Die neuen Grundzüge.

In der nachfolgenden Besprechung der „G r u n d z ü g e d e r V o r s c h r i f t e n f ü r d e n V e r k e h r s d i e n s t a u f H a u p t b a h n e n" werden in Abweichung von der textlichen Anordnung des Stoffes dieser Grundzüge die aufgenommenen Neuerungen in der ihrer Bedeutung und Wichtigkeit entsprechenden Reihenfolge ausgeführt.

Dabei werden unterschieden:

A) Maßnahmen, welche speziell auf die Sicherung des Zugverkehres abzielen ;

B) Bestimmungen, welche die Anwendung neuerer technischer Einrichtungen und Betriebsmittel zum Gegenstand haben sowie Änderungen solcher bestehender Vorschriften, welche die Verkehrsausführung ohne Not erschwerten oder als nicht immer durchführbar erkannt wurden ;

C) im Interesse der Sicherheit der Bediensteten und der Reisenden getroffene Maßnahmen und

D) Bestimmungen administrativer Natur.

Eine subtile Unterscheidung zwischen den namentlich unter *A)* und *B)* angeführten Maßnahmen ist allerdings schon darum nicht am Platze, weil die Sicherung des Zugverkehrs, wie selbstverständlich, den Leitfaden aller Vorschriften bilden muß.

ad *A)* 1. Aufnahme von Bestimmungen über die Zugfolge im Raumabstand. Bereits in den einleitenden Darlegungen wurde der Einführung des Fahrens im Raumabstand auf den österreichischen Eisenbahnen gedacht.

Die bereits bei der Einleitung der darauf abzielenden Aktion gehegte Voraussetzung, daß dieses System zum Zeitpunkt der Veröffentlichung der neuen Verkehrs- und Signalbestimmungen auf sämtlichen österreichischen Bahnen zur Anwendung gelangt sein wird, ist nun insofern tatsächlich zugetroffen, als die hiezu im Bereich der Privatbahnverwaltungen erforderlichen Einrichtungen rechtzeitig hergestellt wurden und die Zugfolge im Raumabstand mit Beginn der diesjährigen Sommerfahrplanperiode sowohl im Zivil- als auch im Kriegsverkehr zur Durchführung gelangte.

In den neuen Grundzügen sind die Kardinalbestimmungen, nach welchen diese Art der Abfertigung von in gleicher Richtung verkehrenden Zügen vorzunehmen ist, niedergelegt. Die diesem System zugrunde gelegte Bedingung des Vorliegens einer Nachricht (Rückmeldung) über das Freiwerden eines Raumabschnittes, der Zeitpunkt der Abgabe der Rückmeldung seitens der den Raumabschnitt begrenzenden Stationen, wenn im Stationsabstand und seitens der die Raumabschluß-Signale bedienenden Wächter, wenn im Abstand von Block- oder Zugmeldeposten gefahren wird, die Art der Abgabe der Rückmeldung und der Vorgang bei gestörter Verständigung, wenn die Rückmeldung nicht erlangt werden kann, wurden derart präzis ausgedrückt, daß damit die Basis für Detailvorschriften gegeben erscheint, welche für jedwede Art der Durchführung des Fahrens im Raumabstand erforderlich sind.

Dem Vorsichtsbefehl, welcher jedem Zuge beizugeben ist, wenn die Rückmeldung nicht erlangt werden kann, wurde eine den gesteigerten Anforderungen der Verkehrssicherheit entsprechende Bedeutung gegeben. Während nämlich der Lokomotivführer eines mit Vorsichtsbefehl abgefertigten Zuges nach der Fassung der bestehenden „Vorschriften für das Fahren in Raumdistanz" verhalten wird, bis zur nächsten Station mit besonderer Vorsicht zu fahren, bestimmt der bezügliche Wortlaut der neuen Grundzüge, daß der mit Vorsichtsbefehl abgefertigte Folgezug die Fahrt nach Maßgabe der Übersichtlichkeit der Strecke sowie der sonst bestehenden Verhältnisse nur mit derartiger Geschwindigkeit fortzusetzen hat, daß vor einem etwa stehengebliebenen Zuge mit Sicherheit angehalten werden kann.

Der Unterschied springt in die Augen. Wenn nämlich bei Störung der Verständigungsmittel für den letzten vorausgefahrenen Zug keine Rückmeldung vorliegt, so muß stets angenommen werden, daß derselbe an irgend einem Punkt der vorliegenden Strecke stehen geblieben ist, demnach ein den nachfolgenden Zug bedrohendes Hindernis bildet.

Wird nun der Lokomotivführer, wie es gegenwärtig geschieht, durch den Vorsichtsbefehl nur zu besonderer Vorsicht aufgefordert, so bleibt es seiner Auffassung der Sachlage anheimgestellt, entweder bei Einhaltung der fahrplanmäßigen Fahrzeit, welche unter Umständen der höchsten zulässigen Geschwindigkeit entsprechen kann, auf die Strecke und die Signale sein gespanntes Augenmerk zu richten — wozu er übrigens jederzeit verpflichtet ist — oder um dieser Obliegenheit gewissenhaft nachkommen zu können, dort die Geschwindigkeit zu mäßigen, wo die gehemmte Fernsicht die rechtzeitige Wahrnehmung eines Hindernisses unmöglich macht. Der Mangel einer bindenden Verpflichtung, sowie das Bestreben, die vorgeschriebene Fahrzeit einzuhalten, können es in einem oder dem anderen Falle entschuldbar erscheinen lassen, wenn eine gefahrvolle Annäherung an den liegengebliebenen Zug nicht verhindert wird.

Die Fassung der zitierten Bestimmung der neuen Grundzüge schließt hingegen jede andere als die beabsichtigte Deutung vollständig aus. Die Geschwindigkeit nach Maßgabe der Übersichtlichkeit der Strecke regeln, heißt bei undurchsichtiger Luft (Nebel, Schneefall) sowie in Krümmungen, Tunnels u. dgl. nur mit derart herabgeminderter Geschwindigkeit zu fahren, wie es die stets im Auge zu behaltende Notwendigkeit, den Zug auf die kürzeste Entfernung anhalten zu müssen, heischt.

Es wird daher, da das zum Durchfahren des vorliegenden Raumabschnittes erforderliche Zeitausmaß unter solchen Umständen nicht eingehalten und dem Lokomotivführer auch nicht vorgeschrieben werden kann, welche Zeit er, um der gebotenen Vorsicht zu genügen. aufzuwenden hat, jedesmal, wenn ein Zug mit Vorsichtsbefehl abgefertigt wird, mit einer Fahrzeitüberschreitung gerechnet werden müssen, die je nach den Witterungs- und Streckenverhältnissen größer oder kleiner ausfallen kann.

Ist daher bei Störung aller Verständigungsmittel die absolute Einhaltung des dem Fahren im Raumabstand zugrunde gelegten Axioms, daß nämlich jeder Raumabschnitt nur von einem einzigen Zug besetzt werden darf, nicht möglich, und die Absendung eines Folgezuges in einen mutmaßlich noch besetzten Raumabschnitt nach Ablauf eines bestimmten, möglichst groß bemessenen Zeitraums nicht zu vermeiden, so bietet doch die dem Lokomotivführer mittels des Vorsichtsbefehls erteilte Weisung im Verein mit den hinsichtlich der Deckung stehen gebliebener Züge getroffenen Maßnahmen die Gewähr dafür, daß dieser kaum zu beseitigende Nachteil sich nicht zu einer unmittelbaren Gefährdung der beteiligten Züge zuspitzen wird.

Daß die Anwendung des mit derselben Bedeutung ausgestatteten Vorsichtsbefehls unter gleichen Verhältnissen die ihm innewohnenden Garantien tatsächlich zur Wirkung bringt, möge aus dem Umstande ersehen werden, daß nach den Vorschriften für die Ausführung des Blockdienstes auf den preußischen Staats- und einzelnen französischen Bahnen die Weiterfahrt des nachfolgenden Zuges sogleich nach Empfangnahme des Vorsichtsbefehls, daher ohne Abwarten eines Zeitintervalls erfolgt. Die nach den neuen Grundzügen erforderliche Einschaltung eines solchen Intervalls ist daher als eine Erhöhung der in solchen Fällen gebotenen Vorsicht anzusehen.

Als unmittelbare Folge der dem Vorsichtsbefehl beigelegten weitergehenden Bedeutung ergab sich

2. die Eliminierung der in den gegenwärtig in Kraft stehenden Grundzügen enthaltenen Bestimmungen über die Verlegung von Kreuzungen bei unmöglicher telegraphischer Korrespondenz, bezw. derjenigen über die

Expedition von Gegenzügeu zur frühesten und spätesten Abfahrtszeit. Die Erklärung für diese von allen gegenwärtigen und zukünftigen Anwärtern auf die Zulassung zur selbständigen Ausübung des Verkehrsdienstes nicht freudig genug zu begrüßende Reform — es dürften sich auch ältere Verkehrsbeamte finden, die darüber nicht unwillig sein werden — ist bald gegeben.

Da nämlich der Vorsichtsbefehl, wie schon oben besprochen, nur dann anzuwenden ist, wenn die Rückmeldung in keiner Weise erlangt werden kann, das ist also während der Unterbrechung aller vorhandenen Korrespondenzlinien, so fällt die für die gegenwärtig in solchen Fällen geübte Kreuzungsbestimmung kritische Zeit mit jenem Zeitpunkt zusammen, zu welchem künftighin, wie ad 1) geschildert wurde, mit Fahrzeitüberschreitungen gerechnet werden muß. Nach den iu Wirksamkeit stehenden Vorschriften ist jedoch die Berechnung der spätesten Abfahrtszeit auf die Annahme der Einhaltung der regelmäßigen Fahrzeit des Nachrangzuges und ferner darauf zu begründen, daß dieser Zug 5 Minuten vor der fahrplanmäßigen Abfahrtszeit des Vorrang-Gegenzuges in der nächsten Station einzutreffen hat.

Andererseits darf der Vorrangzug die fahrordnungsmäßige Kreuzungsstation ohne den Nachrang-Gegenzug abzuwarten, zur frühesten Abfahrtszeit, das ist dann verlassen, wenn letzterer Zug 5 Minuten nach seiner fahrordnungsmäßigen Ankunftszeit nicht eingetroffen ist. Wenn aber jeder mit Vorsichtsbefehl fahrende Zug die Fahrzeit je nach dem obwaltenden Fernsichtsverhältnis überschreiten darf, so fällt die kunstvolle Konstruktion der frühesten und der spätesten Abfahrtszeit in sich selbst zusammen und ergibt sich als zwingende Notwendigkeit die im Betriebe der Eisenbahnen Deutschlands, Italiens und anderer Länder schon längst eingebürgerte Bestimmung, daß die Verlegung fahrplanmäßiger Kreuzungen nur bei möglicher Verständigung zwischen den beteiligten Stationen durchgeführt werden darf.

Die neuen Grundzüge setzen darüber nachstehendes fest:

„Die Verlegung fahrplanmäßiger oder bereits vereinbarter Kreuzungen darf nur bei verläßlicher Verständigung zwischen den Stationen (Ausweichen) vorgenommen werden, wobei die Anwendung der Glockenschlagwerke allein nicht als verläßliche Verständigung anzusehen ist",

ferner:

„Eine fahrordnungsmäßige oder eine vereinbarte Kreuzung muß aufrecht bleiben, so lange sie nicht auf Grund verläßlicher Verständigung im gegenseitigen Einvernehmen abgeändert wurde".

Nach dieser Bestimmung muß also künftighin in allen Fällen, wo die verläßliche Verständigung zwischen den Stationen nicht möglich ist, die fahrplanmäßige Kreuzung unbedingt eingehalten werden.

Die Bedenken, welche dagegen in der Richtung geltend gemacht werden, daß durch diese Anordnung auf den stark befahrenen eingleisigen Strecken bedeutende Verspätungen von Schnell- und Personenzügen und in weiterer Folge nachhaltige störende Unregelmäßigkeiten im Anschlußverkehr verursacht werden können, müssen gegenüber dem Gebot der Verkehrssicherheit zurücktreten, welches die Beibehaltung der jetzigen, unzutreffende Voraussetzungen und irrige Berechnungen nicht ausschließenden Kreuzungsnormen umsoweniger zuließ, als wie bereits des Näheren erläutert wurde, der

Vorsichtsbefehl die Annahme bestimmter Zeitwerte gänzlich ausschließt.

Übrigens wurde durch die vorausgegangenen auf deutschen eingleisigen Hauptlinien eingeholten Informationen sichergestellt, daß in den sehr seltenen Fällen einer gänzlichen Störung aller Verständigungsmittel, welche zumeist als Folge von abnormal ungünstigen Wettererscheinungen eintritt, ein nachteiliger Einfluß auf den Verkehr der wichtigeren Züge vermieden werden kann, wenn die Zugexpedienten den Gang der Züge aufmerksam verfolgen und die Verlegung der fahrplanmäßigen Kreuzungen bei Wahrnehmung von Verspätungen rechtzeitig vornehmen. Der Umstand, daß die neuen Grundzüge in dieser Beziehung noch verfügen, daß die Feststellung oder Verlegung einer Kreuzung grundsätzlich von jener Station, welche den verspäteten Zug zu expedieren hat, und wenn beide Züge verspätet sind, in der Regel von jener Station bestimmt werden muß, die den Nachrangzug zu expedieren hat, dürfte auch wesentlich dazu beitragen, daß die befürchteten Nachteile dieser Neuerung während ihrer praktischen Ausführung nicht in die Erscheinung treten werden.

Da ferner das Telephon als ein verläßliches Mittel der Verständigung nicht ausgeschlossen ist und die telephonische Korrespondenz nach den vorliegenden Erfahrungen in vielen Fällen auch bei eintretenden Störungen der Telegraphenkorrespondenzlinien aufrecht erhalten wird, kann mit Berechtigung vorausgesagt werden, daß aus der Durchführung der neuen, ein Element der Unsicherheit beseitigenden Bestimmung keinerlei Unzukömmlichkeiten sich ergeben werden.

Wenn schließlich in Betracht gezogen wird, daß der Lokomotiv- und der Zugführer eines bei unmöglicher Verständigung verspätet zur Kreuzung expedierten Nachrangzuges in Hinkunft nicht ängstlich mit der Möglichkeit der Absendung des Vorrang-Gegenzuges zur frühesten Abfahrtzeit und mit der Anwendung der gegenwärtig für diesen Fall vorgeschriebenen Maßnahmeu zu rechnen brauchen, weil ihnen die Gewißheit innewohnen wird, daß die fahrplanmäßige oder vereinbarte Kreuzung unbedingt eingehalten werden muß, so ist hiedurch allein für die Sicherheit des Zugverkehrs so viel gewonnen, daß eine ungünstige Beurteilung dieser wohlerwogenen Reform gewiß nicht zu erwarten steht.

Auf die in gleicher Richtung verkehrenden Züge übt die Störung aller Verständigungsmittel nicht den gleichen Einfluß aus, weil die auf die eventuelle Änderung des fahrplanmäßigen Vorfahrens abzielenden Verfügungen mit dem zuerst abgelassenen Zuge schriftlich getroffen werden können.

3. Obligatorische Einführung der durchgehenden selbsttätigen Bremse. Die neuen Grundzüge bestimmen, daß alle Züge, welche mit mehr als 60 *km* Geschwindigkeit in der Stunde verkehren, mit durchgehender selbsttätiger Bremse ausgerüstet sein müssen.

Es sei zunächst daran erinnert, daß bisher behördliche Anordnungen betreffend Anwendung der durchgehenden Bremse auf den österr. Eisenbahnen nicht bestanden haben; tatsächlich wird die einfache durchgehende Vakuumbremse, welche seit den Siebzigerjahren in Österreich Eingang gefunden hat, gegenwärtig bei sämtlichen auf Hauptbahnlinien verkehrenden personenführenden Zügen mit anerkanntem Vorteil verwendet.

Mit der Zunahme der Geschwindigkeit und des Gewichtes der Schnellzüge hat sich jedoch das Bedürfnis immer fühlbarer gemacht, für die erforderliche raschere

Bremswirkung und für den Fall einer bekanntlich die Bremsung ausschließenden Trennung der Vakuumleitung die durch die Sicherheit gebotene Vorsorge zu treffen. In der selbsttätigen Umschalt-Luftsauge-Schnellbremse der Vacuum-Brake Comp. Ltd., welche bei den mit der zulässigen Höchstgeschwindigkeit verkehrenden Schnellzügen der österreichischen Staatsbahnen praktisch erprobt wurde, ist das hiezu geeignete Mittel gefunden und so der Nachteil wett gemacht worden, in welchem sich das in Österreich angewendete System der durchgehenden Bremsung gegenüber der in Ungarn, Deutschland und anderen Ländern in Anwendung stehenden Luftdruckbremse (System Westinghouse) tatsächlich befunden hat.

Nachdem ferner durch ausgedehnte Parallelversuche welche mit verschiedenen Bremssystemen im Bereiche der österreichischen Staatsbahnverwaltung durchgeführt worden sind, die Vorzüge und die verläßliche Funktionierung der zuerst bezeichneten Schnellbremse sichergestellt worden waren, richtete das Eisenbahnministerium im Jänner 1902 an die Verwaltungen sämtlicher österreichischen Hauptbahnen die Aufforderung, die Umschalt-Luftsauge-Schnellbremse bei allen personenführenden Zügen, zunächst jedoch bei den Schnellzügen in Verbindung mit einer von den einzelnen Wagenabteilen aus zu handhabenden Notbremse einzuführen. Durch letztere Einrichtung soll das bisher in Anwendung stehende, nicht immer verläßlich funktionierende, die Zugleine ersetzende elektrische Interkommunikationssignal beseitigt werden.

Die seitdem vielfach erprobte Verläßlichkeit der genannten Bremse, welche den unter dem Gesichtspunkt der raschen Wirkung und sicheren Handhabung zu stellenden Anforderungen voll entspricht, sowie die mittlerweile zu verzeichnenden bedeutenden Fortschritte in der Ausrüstung der Schnellzüge mit der selbsttätigen Bremse waren dafür entscheidend, daß ihre obligatorische Einführung bei allen mit mehr als 60 *km* Geschwindigkeit in der Stunde beschlossen wurde.

4. **Beigabe von Wagen mit Handbremsen zu Zügen mit durchgehender Bremsung.**

Im engsten Zusammenhang mit dieser Maßnahme steht jene Bestimmung der neuen Grundzüge, welche die Beigabe von solchen Wagen zu Zügen mit durchgehender Bremsung zum Gegenstand hat, durch welche die Wirksamkeit dieser Einrichtung unterbrochen würde. Die bestehenden Verkehrsvorschriften — der Erlaß des Handelsministeriums vom 20. Dezember 1890, Z. 56856, mit welchem an Stelle des die Anzahl und Verteilung der Bremsen regelnden Artikels 12 der bisherigen Grundzüge provisorische Bestimmungen über die Zahl der zu bedienenden Bremsen getroffen wurden, enthält diesbezüglich keine Weisung — setzen bekanntlich fest, daß, insolange das Gewicht der am Schluß eines mit durchgehender Bremse ausgerüsteten Zuges beigegebenen, die Einrichtung für durchgehende Bremsung nicht besitzenden Wagen 25% des Gesamtbruttogewichtes des betreffenden Zuges nicht überschreitet, die Bremsung rücksichtlich des mit der durchgehenden Bremse ausgerüsteten Zugteiles mit dieser Bremse und rücksichtlich der für durchgehende Bremsung nicht eingerichteten Wagen mittels der Handbremsen zu erfolgen hat.

Wenn nun auch das Personal eines solchen Zuges verhalten ist, darauf zu achten, daß im Hinblick auf die rascher eintretende Wirkung der durchgehenden Bremse — Fälle der Gefahr ausgenommen — vor Betätigung dieser Bremse erst die Handbremsen wirken zu lassen, so hat die Erfahrung doch gelehrt, daß der Gang eines mit größerer Geschwindigkeit verkehrenden Zuges durch die gegenwärtig zulässige Beigabe solcher Wagen ungünstig beeinflußt wird und dies insbesondere deshalb, weil bei Eintritt einer rascheren Bremswirkung ein bedenklicher Nachschub der am Zugschluß eingereihten Wagen nicht verhindert werden kann.

Hievon ausgehend stufen die neuen Grundzüge die Anzahl der am Schluß kontinuierlich gebremster Züge ausnahmsweise beizugebenden Wagen ohne durchgehende Bremse nach der Fahrgeschwindigkeit in nachstehender Weise ab:

Die Beigabe solcher Wagen zu Zügen, deren Geschwindigkeit mehr als 90 *km* in der Stunde beträgt, wird ausgeschlossen.

Bei Zügen mit einer Fahrgeschwindigkeit von 70 bis 90 *km* in der Stunde dürfen Wagen ohne durchgehende Bremse bis zu vier Achsen, bei Zügen mit einer Fahrgeschwindigkeit von 50—70 *km* in der Stunde bis zu acht Achsen und bei Zügen mit einer Fahrgeschwindigkeit von weniger als 50 *km* in der Stunde bis zu zwölf Achsen am Schlusse angehängt werden. Es darf jedoch die Achsenanzahl dieser angehängten Wagen ein Viertel der sonach sich ergebenden Gesamtachsenanzahl nicht überschreiten; daher werden beispielsweise einem mit der Geschwindigkeit von 65 *km* in der Stunde verkehrenden Zuge, welcher insgesamt aus 24 Achsen zu bestehen haben wird, am Schluß nur sechs Achsen ohne durchgehende Bremse beigegeben werden dürfen.

5. Festsetzung der Achsenanzahl.

In Abweichung von den gegenwärtigen Bestimmungen des Artikels 14 der Grundzüge, welche die größte zulässige Achsenanzahl bei den Zügen analog der Betriebsordnung mit 100 für Personen- und 200 für Güterzüge festsetzen, bestimmt Artikel 14 der neuen Grundzüge, daß die auf den einzelnen Strecken bei jeder Zuggattung zulässige größte Achsenanzahl von der zuständigen Behörde festgesetzt wird. Für diese Einschränkung war die Erwägung maßgebend, daß die Führung so langer Züge mit der gegenwärtigen und noch zu erwartenden Entwicklung des Verkehrs nicht in Einklang gebracht werden kann und Rücksichten der Verkehrssicherheit einen bestimmenden Einfluss der Aufsichtsbehörde auf die Länge der in einzelnen Strecken zu befördernden Züge jeder Gattung unerläßlich erscheinen lassen.

6. **Verbot der gleichzeitigen Einfahrt zweier aus entgegengesetzter Richtung kommenden Züge.**

Im Artikel 27 der neuen Grundzüge erscheint die Bestimmung aufgenommen, daß in Stationen der eingleisigen Strecken niemals zwei aus entgegengesetzter Richtung kommende Züge gleichzeitig einfahren dürfen. Die gleiche Bestimmung hat auch für solche Stationen zu gelten, welche den Übergang von einer eingleisigen auf eine doppelgleisige Strecke vermitteln, sowie für solche Stationen der doppelgleisigen Strecken, in welchen bei gleichzeitigen Zugfahrten eine Streifung erfolgen könnte.

Auf die Verhinderung der gleichzeitigen Einfahrt zweier aus entgegengesetzter Richtung kommenden Züge zielt die im Artikel 9 der bestehenden und auch im Artikel 17 der neuen Grundzüge enthaltene Bestimmung hin, wonach zwischen den Ankunftszeiten zweier Gegenzüge in den Stationen einer eingleisigen Bahnstrecke und in jenen Stationen, in welchen der Übergang vom einfachen zum Doppelgleis stattfindet, das Intervall von mindestens einer Minute gelegt sein muß.

Die Kürze dieses Zeitraums, welcher durch Uhren-differenzen, durch Fahrzeitüberschreitungen oder Fahr-zeitkürzungen fast unmerklich ausgeglichen werden kann, veranlaßte die Bahnverwaltungen, das bezeichnete Verbot in ihren Verkehrsvorschriften durch eine der zitierten ähnliche Bestimmung schärfer zum Ausdruck zu bringen, deren Wirkung jedoch erfahrungsgemäß häufig ausbleibt, da keinerlei Anordnung getroffen wurde, durch welche Mittel und in welcher Weise das Personal diesem Verbot gerecht werden soll, sondern nur im allgemeinen bestimmt wird, daß bei Unregelmäßigkeiten im Verkehr, durch welche eine gleichzeitige Einfahrt dennoch herbeigeführt werden könnte, sowohl das Stations-, als auch das Lo-komotiv- und Zugbegleitungspersonal die größte Vorsicht beobachten und das Erforderliche veranlassen muß, um das gleichzeitige Einfahren zu verhüten.

Im Hinblick auf die außerordentliche Bedeutung, welche der Sicherung in die Station einfahrender Züge insbesondere auf eingleisigen Linien mit dichtem Zug-verkehr zukommt, werden in die neuen Verkehrsvor-schriften genaue Verhaltungsmaßregeln nach Art jener aufgenommen werden müssen, welche im Bereiche der Staatseisenbahnverwaltung bereits bestehen. Darnach ist, wenn eine gleichzeitige Einfahrt zu erwarten steht, einer der beiden Züge durch das Einfahr-, bezw. Distanzsignal so lange anzuhalten, bis der zuerst angekommene Zug innerhalb der Station zum Stillstand gebracht, das für den aus entgegengesetzter Richtung erwarteten Zug be-stimmte Gleis für die Ein- oder Durchfahrt vollkommen frei ist und die Weichen richtig gestellt sind.

Um in solchen Fällen das häufige Anhalten von Zügen zu vermeiden, wird es sich empfehlen, das fahrordnungsmäßige Intervall zwischen der Ankunft zweier Gegenzüge nach Tunlichkeit zu vergrößern.

7. **Verschiebungen bei Erwarten eines Zuges.**

Hinsichtlich der Durchführung von Verschiebungen bei Erwarten eines Zuges bestimmen die gegenwärtig bestehenden Grundzüge, daß Verschiebungen auf den von einem erwarteten Zug zu befahrenden Gleis mindestens 10 Minuten vor dessen Ankunft eingestellt werden sollen, damit die Ein- bezw. Durchfahrt des erwarteten Zuges ungehindert geschehen könne.

Die auf stärker befahrenen eingleisigen Linien kaum zu vermeidende Notwendigkeit, solche Verschiebungen auch noch innerhalb des angegebenen Zeitraums vornehmen zu lassen, hat dazu geführt, daß in den in Kraft stehenden Verkehrsinstruktionen die Bedingungen hiefür — guter Zustand des auf „Halt" gestellten, bei Nacht beleuchteten Distanzsignals und der dazu gehörigen Kontrolleinrichtungen, unbehinderte Fernsicht und Einhaltung einer angemessenen Entfernung vom Distanzsignal — festgesetzt wurden. Die nicht seltenen Unfälle, welche sich als Folge der nicht genug gewissenhaften Beobachtung dieser Bedingungen ereignen, ließen es geboten erscheinen, die Kautelen für die Durchführung solcher Verschiebungen mit allgemeiner Giltigkeit und in einer die Verantwortlichkeit des Zugexpedienten klar umschreibenden Weise festzusetzen.

Bei der großen Bedeutung, welche diesem Teil der Verkehrsausführung beigemessen werden muß, dürfte es angezeigt sein, den Wortlaut der in den neuen Grundzügen im Gegenstand enthaltenen Bestimmungen (Artikel 10, Punkt 29 und 30) anzuführen.

Diese Bestimmungen lauten:

Beim Erwarten eines Zuges dürfen Verschiebungen auf dem von demselben zu befahrenden Gleis nur in zwingenden Fällen und unter Beobachtung nachstehender Sicherheitsmaßnahmen vorgenommen werden:

α) Das Einfahr- oder das Distanzsignal muß auf „Halt" gestellt sein und muß sich mit den zugehörigen Kontrolleinrichtungen, bezw. dem Vorsignal in vollkommen gutem Zustand befinden; die Signale müssen bei Dunkelheit beleuchtet und die Fernsicht darf in keiner Weise behindert sein.

β) Der verschiebende Zug darf sich in Stationen (Ausweichen) mit Vor- und Einfahrsignalen dem Einfahrsignal nur auf etwa 50 *m* nähern, in den übrigen Stationen (Ausweichen) das zu diesem Zwecke aufzustellende Markierungszeichen nicht überfahren.

γ) Die Verschiebung muß vom Zugexpedienten persönlich geleitet und überwacht werden.

ϑ) Fünf Minuten vor dem zu gewärtigenden Eintreffen des Zuges beim Einfahr- oder beim Distanzsignal muß die Verschiebung beendet und das zur Einfahrt des Zuges bestimmte Gleis freigemacht sein.

Über die im Punkte 29, lit. *b*) bezeichnete Grenze dürfen Verschiebungen auf dem Einfahrgleis nur dann stattfinden, wenn sich in der Strecke bis zur Nachbarstation (Ausweiche) kein gegen die Station (Ausweiche) fahrender Zug befindet und wenn die Nachbarstation (Ausweiche) verständigt wurde, bis zur Beendigung der Verschiebung keinen Zug abzulassen.

In der Anordnung, daß solche Verschiebungen vom Zugexpedienten persönlich geleitet und überwacht und zu einem bestimmten Zeitpunkt unbedingt beendet sein müssen, darf wohl die Gewähr dafür erblickt werden, daß mit der bisher leider oft genug geübten Praxis, derlei

Verschiebungen zuzulassen, ohne sich über deren Aus-
dehnung und Dauer die durch die mögliche Gefährdung
des erwarteten Zuges gebotene Rechenschaft abzulegen,
gründlich gebrochen wird. Mit der allgemeinen Einführung
der Vorsignale vor allen Einfahrsignalen wird übrigens
dieses Gefahrmoment als absolut beseitigt angesehen werden
können.

8. Deckung angehaltener Züge.

Die Art, wie auf der Strecke haltende oder liegen
gebliebene Züge gegen Kollisionen mit einem nachfahrenden
oder einem in entgegengesetzter Richtung verkehrenden
Zug zu sichern sind (Deckung der Züge), bildet den
Gegenstand weitgehender Vorsorgen sowohl in den bestehenden, auf die Zugfolge im Zeitabstand aufgebauten
Signal- und Verkehrsvorschriften, als auch in den Spezial-
vorschriften, welche sich mit der Durchführung des Fahrens
in Raumdistanz auf den elektrisch blockierten Strecken
befassen.

Die gegenwärtigen Grundzüge bestimmen im Art. 28,
daß jeder aus irgend einem Grund auf der Strecke stehen
gebliebene oder durch ein Distanzsignal angehaltene Zug
ohne Verzug nach rückwärts, u. zw. durch den Signalmann zu decken ist. Die Deckung nach vorn wird rücksichtlich der eingleisigen Bahnen für alle Fälle des An-
haltens auf der Strecke, rücksichtlich der doppelgleisigen
Bahnen für den Fall der Unfahrbarkeit eines Gleises
oder beim Erwarten einer das unrichtige Gleis befahrenden Hilfslokomotive angeordnet.

Für die Durchführung der Zugdeckung wird un-
geachtet der dem Signalmann strikte auferlegten Verpflichtung der Zugführer verantwortlich gemacht.

Aus zahlreichen Unfällen, die sich allerdings zur
Zeit der Geltungsdauer der Zugfolge im Zeitabstand,

insbesondere infolge Einholung beim Distanzsignal angehaltener Züge durch nachfahrende Züge ereigneten, geht
jedoch hervor, daß die Deckung durch den Signalmann
häufig aus Furcht vor dem Zurückbleiben unterlassen und
auch vom Zugführer in der Annahme eines voraussichtlich nur kurzen Aufenthaltes nicht angeordnet wurde.

Mit der obligatorischen Einführung des Fahrens in
Raumabstand auf den österreichischen Bahnen ist nun die
Frage, wie die Zugdeckung künftighin in einer den ge-
änderten Verhältnissen entsprechenden Weise neu zu regeln
und ihre Durchführung unter Vermeidung der erwähnten
Unterlassungen sicherzustellen wäre, höchst aktuell geworden.

Nach der der Zugfolge im Raumabstand zugrunde gelegten Theorie kann nämlich ein auf der Strecke, ferner bei
einem Raumabschluß-Einfahr- oder Distanzsignal angehaltener Zug von einem in gleicher Richtung verkehrenden Zuge
nur im Falle der vollständigen Störung aller Verständigungsmittel eingeholt werden. Für diesen Fall gestattet die
Vorschrift die unter Beigabe eines Vorsichtsbefehls anzu-
ordnende Absendung des nachfolgenden Zuges in den
noch nicht frei gemeldeten Raumabschnitt nach Ablauf
eines bestimmten Zeitintervalls.

Da nun die Gewißheit, daß die Raumabschlußein-
richtung seit der Abfahrt des Zuges aus der Station nicht
gestört, bezw. daß die vorhandenen Verständigungsmittel
intakt sind, nur zu erlangen ist, wenn der Zug — sei es
aus Rücksichten der Zugfolge, sei es aus anderen unver-
muteten Ursachen — bei einem zur Regelung der Zugfolge bestimmten Posten (Block- oder Zugmeldeposten)
angehalten wird, mit welchem eine unmittelbare Verständigung erzielt werden kann, so muß das Personal
eines im Abstand der Stationen abgelassenen, auf der

Strecke angehaltenen, oder eines Zuges, welcher bei vorhandenen Raumabschlußeinrichtungen zwischen den Mastsignalen zweier Nachbarposten, mit welchen eine Verständigung unverweilt herbeizuführen nicht möglich ist, angehalten wurde, stets annehmen, daß eine Unterbrechung aller Verständigungsmittel eingetreten ist. Die Konsequenz dieser Annahme besteht in der unverzüglichen Deckung des angehaltenen Zuges nach rückwärts.

In diesem Gedankenkreise wird sich die künftige Vorschrift zu bewegen haben. Vorsichtsbefehl und Zugdeckung müssen sich in einer jede gefahrvolle Annäherung von Folgezügen ausschließenden Weise ergänzen.

Gegenüber diesem Postulat verliert die Frage, wer die Deckung anzuordnen hat und wer für ihre Durchführung verantwortlich zu machen ist, jene maßgebende Bedeutung, welche ihr nach den bisherigen Vorschriften beigemessen werden muß. Die Deckung nach vorn wird mit Rücksicht auf die vorgeschriebene Einhaltung der fahrplanmäßigen oder vereinbarten Kreuzungen nur unter ganz bestimmten Voraussetzungen vorzunehmen sein.

Die Erkenntnis der Unhaltbarkeit der bisherigen Bestimmungen und die Schwierigkeit, alle einschlägigen Details einheitlich zu regeln, brachten es mit sich, daß in den Artikel 29 der neuen Grundzüge nur nachstehende Sätze aufgenommen werden:

„Wenn ein Zug aus unvorhergesehener Ursache auf der Strecke anhält, so ist er ohne Verzug zu decken.“

„Für Strecken mit Raumabschlußeinrichtungen kann die zuständige Behörde rücksichtlich der Deckung der Züge erleichternde Bestimmungen treffen.“

Demnach wurde in den neuen Grundzügen von der Festsetzung einer Verantwortlichkeit für die Durchführung der Zugdeckung abgesehen und es wird das bezügliche Prinzip in den Verkehrsvorschriften Aufnahme zu finden haben.

Es kann als bekannt vorausgesetzt werden, daß seit vorigem Jahr auf sämtlichen deutschen Bahnen als Ergebnis der Beratung, welche nach den schweren Unfällen bei Offenbach und Altenbeken im Schoße einer aus Fachvertretern aller Bundesstaaten zusammengesetzten Kommission gepflogen wurde, eine neue Vorschrift über die Deckung stehen gebliebener Züge in Kraft steht, in welcher ein neues Moment — die vorläufige Sicherung des Zugschlusses vor durchgeführter Deckung — Aufnahme gefunden hat. Diese Sicherung wird bei Tag und durchsichtiger Luft durch Aufstellung einer Wache, bei Nacht und bei gehinderter Fernsicht durch Entzünden weithin rot leuchtender Signalfackeln bewirkt.

9. Anwendung von Knallkapseln vor feststehenden Signalen.

Auf die Verhinderung der verspäteten Wahrnehmung eines auf „Halt" stehenden, mit einem Vorsignal nicht in Verbindung stehenden feststehenden Signals bezieht sich Punkt 156 der neuen Grundzüge, welcher lautet:

„Wenn die Stellung eines feststehenden Signals (ohne Vorsignal) auf „Halt" bei gehemmter Fernsicht nicht in gehöriger Entfernung wahrgenommen werden kann, so sind vor demselben Knallkapseln auf Bremsdistanz zu legen."

Diese Anordnung wurde in der Erwägung getroffen, daß die in den Artikeln 6 und 15 der bisherigen Signalisierungsvorschrift für das Auslegen von Knallkapseln festgesetzten Entfernungen der erhöhten Fahrgeschwindigkeit nicht entsprechen und daß insbesondere für die zeitgerechte Wahrnehmung der für die Sicherheit der Züge geradezu ausschlaggebenden Stellung der Raumabschlußsignale bei gehinderter Fernsicht so vorgesorgt werden müsse, um das mit dem Überfahren eines solchen in der Haltstellung befindlichen Signals verbundene Gefahrsmoment als ausgeschlossen erscheinen zu lassen.

Wird der Lokomotivführer in einer der Bremsdistanz gleichkommenden Entfernung von einem feststehenden Signal durch die Explosion von Knallkapseln auf dessen „Haltstellung" aufmerksam gemacht, so sind ihm die Mittel geboten, den Zug, wie vorgeschrieben, vor dem Signal zum Stillstand zu bringen und so die Gefahr, auf ein Hindernis zu stoßen, zu vermeiden.

Daß in den neuen Verkehrsvorschriften für die Durchführung der besprochenen Bestimmung rücksichtlich der mit Raumabschlußeinrichtungen ausgerüsteten Strecken im Hinblick auf die Unzulässigkeit der Entfernung des Block- oder Zugmeldewächters besondere Anordnungen getroffen werden müssen, braucht nicht erst des weiteren begründet zu werden.

10. Normalstellung feststehender Signale.

Zu den auf die Erhöhung der Verkehrssicherheit abzielenden, mittels der neuen Grundzüge getroffenen Maßnahmen gehört ferner die Bestimmung einer einheitlichen Normalstellung aller feststehenden Signale sowie die Anordnung der gegenseitigen Abhängigkeit von Einfahrsignalen, welche in Hinkunft vor Bahnabzweigungen und Bahnkreuzungen in Schienenhöhe aufzustellen sind, und endlich die Anwendung von hörbaren oder sichtbaren (nötigenfalls beider) Kontrolleinrichtungen bei Einfahr-(Distanz-)Signalen.

Für das Vorsignal wurde das der Stellung „Halt" am Hauptsignal entsprechende Signal „Langsam", für alle übrigen Signale die Stellung „Halt" als Normalstellung bestimmt. Hiefür war die Erwägung entscheidend, daß diese Signalstellung dem Zustand entspricht, in welchen das betreffende Signal nach Passierung jedes Zuges ohne weiteres Nachdenken zu bringen ist, während die Stellung „Frei" von Bedingungen abhängt, über deren Zutreffen der das Signal bedienende oder dessen Umstellung veranlassende Bedienstete mit sich im klaren sein muß.

Die irrtümliche Belassung eines Vorsignals in der Stellung „Langsam" oder eines anderen Bahnzustandsignals in der Stellung „Halt" involviert keine Gefahr für den in der Annäherung begriffenen Zug und zieht höchstens dessen unzeitgemäßes, mit einer geringen Verspätung verbundenes Anhalten nach sich; die irrtümliche, dem Bahnzustand nicht entsprechende Belassung eines Signals in der Stellung „Frei" hingegen kann von den schwerwiegendsten Folgen begleitet sein. Erhöhte Bedeutung kommt übrigens der Normalstellung der unblockierten, daher beliebig umstellbaren Raumabschlußsignale der Zugmeldeposten deshalb zu, weil dadurch die Kontrolle über die Anwesenheit und die der Vorschrift angemessene Tätigkeit des diese Signale bedienenden Wächters wesentlich erleichtert wird.

11. Verhalten des Zugpersonals bei Wahrnehmung von Signalen.

Unter Berücksichtigung der mittels der Signalordnung neu eingeführten Signaleinrichtungen werden in den neuen Grundzügen für das Verhalten des Lokomotiv- und Zugbegleitungspersonals bei Wahrnehmung von Signalen nachstehende Bestimmungen getroffen:

„Bei der Annäherung an eine Station (Ausweiche) hat das Zugpersonal, insbesondere aber der Lokomotivführer und der Zugführer die Aufmerksamkeit auf die Stellung der Vor- und Einfahrsignale, bezw. der Distanz-

und Richtungsignale zu richten. Bei Passierung des Einfahr-, bezw. des Distanzsignals ist in allen Fällen das Achtungsignal mit der Dampfpfeife zu geben."

„Bei Wahrnehmung des in der Stellung „Langsam" befindlichen Vorsignals muß die Geschwindigkeit derart herabgemindert werden, daß der Zug vor dem zugehörigen Signal mit Sicherheit zum Stillstand gebracht werden kann."

„Bei Wahrnehmung des Signals „Halt" bei Raumabschluß-, Einfahr-, Distanz-, Richtung-, Wege- oder Ausfahrsignalen sind auf dem Zuge alle geeigneten Mittel anzuwenden, um den Zug unbedingt noch vor dem betreffenden Signal zum Stillstand zu bringen.

Der Zug hat so lange zu halten, bis das Signal „Frei" erscheint, oder in anderer unzweideutiger Weise die Erlaubnis zur Weiterfahrt von berufener Seite erteilt wird."

„Wird ein Raumabschluß-, Einfahr-, Distanz-, Richtung-, Wege- oder Ausfahrsignal bei Dunkelheit unbeleuchtet angetroffen, so ist der Zug bei demselben anzuhalten.

Die Weiterfahrt ist in diesem Falle dann gestattet, wenn die Überzeugung gewonnen wurde, daß das betreffende Signal auf „Frei" steht."

„Wenn ein Vorsignal bei Dunkelheit nicht beleuchtet ist und dessen Stellung auf „Frei" nicht unzweifelhaft wahrgenommen wird, muß so vorsichtig gefahren werden, daß der Zug vor dem etwa auf „Halt" stehenden zugehörigen Signal unbedingt angehalten werden kann."

„Bei Annäherung an Stationen (Ausweichen), welche nicht mit Einfahrsignalen ausgerüstet sind, hat das Personal der an der Spitze des Zuges befindlichen Lokomotive bei geschobenen Zügen der an der Zugspitze befindliche Zugbegleiter — auch die Stellung der Weichen zu beobachten."

„Erscheint es dem Zugpersonal aus was immer für Gründen unzulässig, in die geöffnete Fahrstraße einzufahren oder hat das Personal der an der Spitze des Zuges befindlichen Lokomotive — bei geschobenen Zügen der an der Zugspitze befindliche Zugbegleiter — Zweifel, ob eine Weiche richtig gestellt ist, so ist der Zug sofort anzuhalten.

Eine Einflußnahme auf die Weichenstellung durch Zeichen und Winke ist dem Zugpersonal unter allen Umständen verboten."

„Bei der Ausfahrt aus den Stationen (Ausweichen) soll der Lokomotivführer auch darauf achten, ob das Gleis, auf welchem die Ausfahrt erfolgt, vollkommen frei ist, ob die zu befahrenden Weichen richtig gestellt sind und das etwa vorhandene Ausfahrsignal in der der Fahrtrichtung entsprechenden Stellung sich befindet; der Zugführer sowie die obrigen Zugbegleiter haben auf etwa von der Station (Ausweiche) ausgegebene Signale zu achten."

Nach diesen Bestimmungen werden für die Beachtung der jeweiligen Stellung feststehender Signale und der Stellung der Weichen verantwortlich zu machen sein:

I. Der Lokomotivführer und der Zugführer:

α) während der Fahrt auf der Strecke rücksichtlich der Stellung der Raumabschluß- und der vor Bahnabzweigungen oder Bahnkreuzungen in Schienenhöhe aufgestellten Vor- und Einfahr- (Distanz-) Signale;

β) bei Annäherung an die Stationen rücksichtlich der Stellung der Vor- und Einfahr- (Distanz- und Richtungs-) Signale;

γ) bei Fahrten auf Stationsgleisen rücksichtlich der Stellung der Wegesignale.

II. Das Lokomotivpersonal bezw. der Lokomotivführer allein:

α) für die Wahrnehmung der Weichenstellung bei Annäherung an mit Einfahrsignalen nicht ausgerüsteten Stationen und bei der Ausfahrt aus den Stationen;

β) für die Beachtung der Stellung des etwa vorhandenen Ausfahrsignals.

III. Der bei geschobenen Zügen an der Zugspitze befindliche Zugbegleiter in dem sub II α verzeichneten Falle und

IV. der Zugführer sowie die übrigen Zugbegleiter allein für die Wahrnehmung der während der Ausfahrt von der Station aus gegebenen Signale.

Die genauere Festlegung der diese Verantwortlichkeit bedingenden Obliegenheiten der Zugbediensteten wird selbstverständlich mittels der Verkehrsvorschriften zu erfolgen haben.

12. Sicherung angeheizter Lokomotiven.

Wiederholt vorgekommene, oft von empfindlichen Störungen der Regelmäßigkeit des Verkehrs begleitete Unfälle, welche dadurch entstanden sind, daß im Heizhausbereich oder auf Seitengleisen stehende, vom Dienst zurückkehrende oder zur Fahrt an den Zug bereit gestellte Lokomotiven in Abwesenheit des Lokomotivführers und des Heizers, entweder durch Anstoß anderer Lokomotiven oder infolge mangelhaften Verschlusses des Regulators in Bewegung gerieten, boten Veranlassung dazu, daß in die neuen Grundzüge die Bestimmung aufgenommen wurde, es müßten angeheizte Lokomotiven stets unter Aufsicht stehen und sei dafür vorzusorgen, daß sie nicht von selbst in Bewegung geraten können.

13. Zurückhalten von Zügen aus Sicherheitsrücksichten.

In den geltenden Verkehrsvorschriften der meisten Eisenbahnverwaltungen ist eine Bestimmung enthalten, nach welcher dem Stationsvorstand bei außergewöhnlichen Witterungserscheinungen, z. B. bei Wolkenbrüchen oder Orkanen das Recht zusteht, zur Vermeidung möglicher Unglücksfälle einen zur Abfahrt bereiten Zug so lange zurückzuhalten, bis sich die Witterungsverhältnisse günstiger gestaltet haben oder von der Strecke eine Nachricht über die Fahrbarkeit der Bahn eingeholt worden ist.

Von dieser Bestimmung wurde nach den vorliegenden Erfahrungen häufig auch in solchen Fällen kein Gebrauch gemacht, wo, wie die Ereignisse lehrten, ihre Anwendung geboten gewesen wäre. In einzelnen Fällen wurde die unter drohenden Erscheinungen dennoch erfolgte Expedition des Zuges mit der Abwesenheit des Stationsvorstandes zu begründen versucht.

Diesen Verhältnissen Rechnung tragend, wurde die besagte Bestimmung in die neuen Grundzüge mit der Modifikation aufgenommen, daß das Recht, einen Zug aus Sicherheitsrücksichten zurückzuhalten, dem Stationsvorstand oder dessen Stellvertreter zustehe, wobei der Gesichtspunkt maßgebend war, daß die Funktionen des Stellvertreters im Falle der Abwesenheit des Vorstandes dem Zugexpedienten zukommen.

14. Verbot des englischen Verschiebens.

Das sogenannte englische Verschieben, d. i. jene Rangierbewegung, bei welcher während der Fahrt ausgekuppelt, mit der Lokomotive allein oder mit dem vorderen Zugteil schnell vorgefahren und zwischen diesem und dem hinteren Zugteil eine Weiche umgestellt wird, bildet bereits den Gegenstand eines in den bestehenden Verkehrsvorschriften ausgesprochenen Verbotes.

Im Hinblick auf die häufig vorkommende Übertretung dieses Verbotes, welche nicht selten mit Entgleisungen von Fahrzeugen, Beschädigung der Weiche oder Ver-

letzungen der dabei beteiligten Bediensteten, insbesondere
des das Auskuppeln besorgenden Verschiebers verbunden
ist, wurde es als notwendig befunden, das dezidierte
Verbot dieser Verschubart in die neuen Grundzüge auf-
zunehmen.

Ad *B*) 1. Entfall der regelmäßigen Zugdeckung durch die Streckenwächter. Die Einführung der Zugfolge im Raumabstand hat die gänzliche
Beseitigung der Bestimmungen des Artikels 29 der in
Kraft stehenden Grundzüge, welcher in Übereinstimmung
mit den das Fahren im Zeitabstand regelnden Normen die
vom Wächter auszuführende Deckung jedes Zuges mittels
Handsignalen, bezw. die Anwendung des Langsamfahr-
signals nach Beseitigung dieser Signale anordnet, für den
Bereich der österreichischen Bahnen mit Rücksicht darauf
ermöglicht, daß die in gleicher Richtung verkehrenden
Züge entweder nur im Abstand der Stationen oder der
zwischen den Stationen eingeschalteten Block- oder Zugmeldeposten einander folgen können.

Wenn diese Zugdeckung in den für das Fahren im
Raumabstand schon früher eingerichteten Strecken bisher
noch beibehalten wurde, so geschah es nicht wegen ihrer
Unentbehrlichkeit, sondern einzig und allein in der Absicht, daß ein eingelebtes und in den Betriebseinrich-
tungen der österreichischen Eisenbahnen sowie in der
Gewohnheit ihrer Bediensteten tief eingewurzeltes Element
der auf die Verkehrssicherheit abzielenden Maßnahmen
während des Überganges von einem zum anderen System
nicht außer Übung gesetzt werde.

Mit dem Tage des Inslebentretens der neuen Grundzüge wird die auf die Distanzierung der Züge abzielende
Tätigkeit des Wächterpersonals endgiltig beseitigt und
damit eröffnet sich die Möglichkeit einer von den jetzt

vorherrschenden Begriffen abweichenden Verwendung der Streckenwächter und die Zulässigkeit einer durchgreifenden Reorganisation des Bahnaufsichtsdienstes, in deren Rahmen unter dem Vorwalten besonders günstiger Verhältnisse auch eine finanzielle Kompensation für die mit der Einführung des Fahrens im Raumabstand verbundenen Mehrausgaben gefunden werden kann.

Wenn auch die Ausführung des bezeichneten, in den Grundzügen nicht berührten Dienstes dem Einfluß des im Verkehrsdienst beschäftigten Personals entrückt ist, so wird es doch als nützlich erachtet, bei Besprechung der zu gewärtigenden Neuerungen, wenn auch nur andeutungsweise, die allgemeine Kenntnis jener Momente vorzubereiten, welche bestimmt sind, bei der unausbleiblichen Reform des Bahnaufsichtsdienstes als Wegweiser zu dienen.

Von der durch diese Reform nicht berührten Dienstleistung der Bahnmeister abgesehen, beruht die gegenwärtige Organisation des Bahnaufsichtsdienstes auf der Verwendung der Streckenwächter:

a) zur Überwachung des Bahnkörpers und zur Revision des Gleises. Diese Funktionen werden während des Begehens der Bahn ausgeübt;

b) zur Bedienung der Wegschranken und

c) zur Überwachung des Zugverkehrs, wozu in erster Reihe das Geben der vorgeschriebenen Signale gehört.

Die unter *b*) und *c*) bezeichneten Vorrichtungen bedingen die an einen bestimmten Punkt geknüpfte Anwesenheit des Wächters vor und nach jedem Zuge, weshalb seiner sub *a*) erwähnten Tätigkeit umso engere Grenzen gezogen sind, je dichter der Zugverkehr ist oder mit anderen Worten, je öfter der Zeitraum einsetzt, während dessen der Wächter seinen Dienstposten nicht verlassen darf. Die Notwendigkeit, von der viermal im Tag vorzunehmenden Gleisrevision auf diesen Posten zurückzukehren, läßt je nach der Zugdichte Wächterbezirke von nur 500—1800 *m* zu; im Durchschnitt dürfte die Länge der einem Streckenwächter gegenwärtig zugewiesenen Strecke 1500 *m* nicht übersteigen. Die Schrankenbedienung ist, wo es immer zulässig ist, Wächterfrauen überantwortet.

Mit dem Wegfall der nach Passierung jedes Zuges zu gebenden Signale ändert sich nun die Situation insofern, als der Wächter an einen bestimmten Posten nicht mehr gebunden ist und gänzlich freizügig wird, wenn während der Dauer seiner durch den Zugverkehr nicht begrenzten Abwesenheit für die Schrankenbedienung in anderer Weise vorgesorgt wird.

Bei der großen Verschiedenheit der hiefür maßgebenden Verhältnisse läßt sich eine bestimmte Regel für die künftige Gestaltung des Streckenwächterdienstes schlechterdings nicht aufstellen; immerhin dürfte nicht fehlgegangen werden, wenn angenommen wird, daß überall dort, wo die Schrankenbedienung teils durch die vorhandenen Block- oder Zugmeldewächter, teils durch Wächterfrauen besorgt wird, der Wächter selbst nur zur Streckenbegehung und Gleisrevision herangezogen zu werden braucht und demnach einen bedeutend größeren Aufsichtsbezirk zugewiesen erhalten kann. Wo keine Raumabschlußeinrichtungen vorhanden sind — nach dem Bestande vom 1. April 1904 ist es auf 68% der Länge sämtlicher österreichischer Hauptbahnstrecken der Fall — wird sich die Schaffung so ausgedehnter Wächterbezirke nicht empfehlen, da, abgesehen von dem Modus der Schrankenbedienung, für die Eventualität von Ereignissen, bei welchen auf die Mitwirkung eines streckenkundigen Organs nicht gut verzichtet werden kann, vorgesorgt werden muß. Aber auch in solchen Strecken wird, unbeschadet dieses Interesses, mindestens die Verdopplung der gegenwärtigen Aufsichtslänge durchführbar sein.

Durch tunlichste Beseitigung von Wegübergängen in Schienenhöhe, durch Heranziehung halbinvalider Bediensteten zur Schrankenbedienung, sowie durch entsprechende Umgestaltung bestehender Wegabsperrvorrichtungen lassen sich neben der Vergrößerung der Wächterbezirke noch Vorteile erzielen, welche in Anbetracht der mit der Herstellung und Bedienung von Raumabschlußeinrichtungen verbundenen einmaligen und dauernden Mehrausgaben schwer ins Gewicht fallen dürften.

Diese, wie angedeutet, auch vom Standpunkt der Betriebsökonomie bedeutsame Frage günstig zu lösen, ist Sache der berufenen Fachorgane; wie sich jedoch die Sachen in Zukunft auch gestalten mögen, das Zugpersonal wird sich jedenfalls daran gewöhnen müssen, die Streckenwächter auf anderen als den eingebürgerten Standplätzen zu erblicken.

2. Fahrgeschwindigkeit. Um den allseits zutage tretenden, durch technische Hilfsmittel, als Erhöhung der Leistungsfähigkeit der Lokomotiven und Verstärkung des Oberbaues, mächtig geförderten Bestrebungen nach Erhöhung der Fahrgeschwindigkeit in keiner Weise hemmend entgegenzutreten, wurden die im Artikel 20 der bestehenden Grundzüge rücksichtlich der auf den einzelnen Strecken zulässigen größten Fahrgeschwindigkeit gezogenen oberen Grenzen — 80 km/Std. für Personen- und 40 km/Std. für Güterzüge — gänzlich fallen gelassen und wurde im Artikel 22 der neuen Grundzüge unter Voranstellung der hiefür maßgebenden Bedingungen, als welche die Bauart der Lokomotiven, die Beschaffen-

heit der Strecke und das auf gebremsten Achsen ruhende Gewicht bezeichnet werden, bloß bestimmt, daß die zulässige größte Fahrgeschwindigkeit der Genehmigung der zuständigen Behörde bedarf und im Anhang zu den Fahrordnungsbüchern ersichtlich zu machen ist.

Hiefür wurde gemäß Artikel 17 der neuen Grundzüge die Tabelle 17 des Anhanges zu den Fahrordnungsbüchern bestimmt, welche nebst den Angaben über die größte Fahrgeschwindigkeit der Züge auf den einzelnen Linien Bestimmungen über die größte Geschwindigkeit in Bögen und die Abstufung der Geschwindigkeit in Neigungen zu enthalten hat.

Die Fahrgeschwindigkeit ist für nachstehend angeführte Fälle begrenzt worden:

α) Bei Zügen, an deren Spitze die Lokomotive mit vorangehendem Schlepptender fährt, darf mit nicht mehr als 45 *km*;

β) bei Zügen, denen nachgeschoben wird, darf während des Nachschiebens wie bisher (siehe Artikel 32 der bisher geltenden Grundzüge) höchstens mit 35 *km*;

γ) bei geschobenen Zügen, das sind solche ohne ziehende Lokomotive an der Spitze, darf mit nicht mehr als 25 *km* und

δ) bei Fahrten mit auf eigenen Rädern laufenden Schneepflügen höchstens mit 45 *km* in der Stunde gefahren werden.

Daß die Fahrgeschwindigkeit bei Wahrnehmung des Signals „Langsam" mindestens auf die Hälfte der fahrordnungsmäßigen Geschwindigkeit herabzumindern sein wird, wurde bereits früher erwähnt.

Die bisher aufrecht gehaltene Beschränkung, daß bei Zügen, welche mit zwei Lokomotiven an der Spitze des Zuges verkehren, die Fahrgeschwindigkeit von 65 *km* in der Stunde nicht überschritten werden darf, wurde in der Erwägung fallen gelassen, daß die Konstruktion der Lokomotiven und die Beschaffenheit des Ober- und Unterbaues auch in diesem Falle die Anwendung einer höheren Fahrgeschwindigkeit zulassen kann.

3. Befahren der Weichen. Eine ganz besonders sorgfältige Durchbildung erfuhren in den neuen Grundzügen die Bestimmungen über das Befahren der Weichen.

Trotz der vorherrschenden Tendenz, dabei dem weitgehendsten Fortschritt die Wege zu ebnen, wobei auf die konstruktive Verbesserung und Verstärkung der namentlich in den Schnellzugstrecken verlegten Weichen hingewiesen werden konnte, wurde schließlich davon abgesehen, zu bestimmen, daß versicherte oder verläßlich verschlossene Weichen bei Fahrten in gerader Richtung gegen die Spitze mit unverminderter Streckengeschwindigkeit befahren werden dürfen.

Es schien geratener, die geringfügige Fahrzeitverlängerung mit in den Kauf zu nehmen, welche sich als Folge der Herabsetzung der Geschwindigkeit beim Befahren von Weichen ergibt, als durch die Gestattung der Höchstgeschwindigkeit ein Moment der Unsicherheit zu schaffen, das sich bei den geringsten Unregelmäßigkeiten in gefahrvoller Weise geltend machen könnte. Für Strecken, in welchen nach dem pflichtmäßigen Ermessen der betreffenden Verwaltung die Bedingungen für das Fallenlassen dieser Beschränkung tatsächlich gegeben sein sollte, wurde die Anwendung höherer als der normierten Geschwindigkeiten von der Genehmigung der zuständigen Behörde abhängig gemacht.

Das wesentlichste Merkmal der neuen Bestimmungen besteht darin, daß beim Befahren von gegen die Spitze

in gerader Richtung und gegen die Spitze in die Ablenkung gestellten Weichen verschiedene Geschwindigkeiten anzuwenden sein werden. Diese in den bestehenden
Grundzügen nicht zum Ausdruck gebrachte Unterscheidung
wurde in Anbetracht des nachteiligen Einflusses, welchen
die schnellere Einfahrt eines Zuges in den krummen
Strang einer Weiche auf die Bewegung der Fahrzeuge
ausübt, für unerläßlich gehalten.

Hingegen wurde die Bestimmung, wonach die Anwendung der bisher zulässigen Höchstgeschwindigkeit nur
bei Zügen gestattet ist, welche in der betreffenden
Station nicht anhalten (siehe Punkt 115 der bestehenden
Grundzüge), deshalb fallen gelassen, weil die Bremsein-
richtungen speziell der Schnell- und Personenzüge und
der durch die Konstruktion der neueren Lokomotiven er-
möglichte raschere Übergang von der Anfangs- zur
Streckengeschwindigkeit es gestattet, daß auch an-
haltende Züge, namentlich bei größerer Entfernung des
Aufnahmsgebäudes von den Endweichen der Station bei
Passierung dieser Weichen eine höhere Geschwindigkeit
einhalten bezw. erreichen können.

Nach diesen Grundsätzen wurde festgesetzt, daß
nicht versicherte oder nicht verläßlich verschlossene
(von Hand zu stellende, nicht verriegelte) Weichen von
Schnell- und Personenzügen gegen die Spitze in gerader
Richtung mit höchstens 40 _km_ (bisher 30 _km_), in die Ablenkung gestellte derartige Weichen gegen die und nach
der Spitze mit höchstens 30 _km_ Geschwindigkeit in der
Stunde befahren werden dürfen.

Vollkommen versicherte oder verläßlich verschlossene
Weichen dürfen von Schnell- und Personenzügen gegen
die Spitze in gerader Richtung mit höchstens 60 _km_
(bisher 50, ausnahmsweise 60 _km_), in die Ablenkung ge-

stellte Weichen gegen die und nach der Spitze mit höchstens 40 *km* in der Stunde befahren werden.

Daraus geht hervor, daß nach der Spitze in gerader Richtung zu befahrende Weichen mit einer höheren Geschwindigkeit als gegen die Spitze befahren werden dürfen, während bei Fahrten durch den krummen Strang einer auch nach der Spitze zu befahrenden Weiche die für die Fahrt gegen die Spitze limitierte Geschwindigkeit nicht überschritten werden darf.

Neu ist ferner die Festsetzung von Geschwindigkeitsgrenzen, welche die Güterzüge bei Fahrten über Weichen einzuhalten haben.

Die Erwägung, daß das rechtzeitige Anhalten eines Güterzuges an dem bestimmten Punkt in erster Reihe von der Geschwindigkeit abhängt, mit welcher eingefahren wird, führte dazu, diese Geschwindigkeit in relativ engen Grenzen zu halten.

Es dürfen nämlich die Güterzüge bei Fahrten über Weichen gegen die Spitze in gerader Richtung die Geschwindigkeit von 20 *km*, bei Fahrten in die Ablenkung gegen die und nach der Spitze die Geschwindigkeit von 10 *km* in der Stunde nicht überschreiten.

Die Notwendigkeit, mit dieser geringen Geschwindigkeit die Einfahrweichen zu passieren, zwingt das Zugpersonal zur rechtzeitigen Herabminderung der Streckengeschwindigkeit, welche Fürsorge besonders bei Güterzügen, die stärkere, bis zur Station reichende Gefälle befahren, der Sicherheit des Verkehrs sehr zu statten kommen wird.

Das Kriterium dafür, welche Weichen als vollkommen versichert und welche als verläßlich gesperrt anzusehen sind, wurde klar und bestimmt zum Ausdruck gebracht, und zwar haben als „vollkommen versichert" nur jene zentral gestellten und verriegelten oder nur verriegelten Weichen zu gelten, deren richtige Stellung mit Signalen in verläßlicher Weise in Abhängigkeit gebracht ist, desgleichen bei Ausfahrten, wo keine Ausfahrsignale vorhanden sind, auch jene Weichen, deren richtige Stellung durch einen elektrischen oder mechanischen Verschluß gesichert wird.

Als „verläßlich verschlossen" sind nur jene Weichen anzusehen, deren anliegende Zunge (Spitzschiene) durch ein unmittelbar an der Backenschiene (Stockschiene) angebrachtes Weichenschloß an dieser festgehalten wird, und dessen Schlüssel nur dann abgezogen werden kann, wenn zuvor die Weiche in der richtigen Stellung verschlossen wurde.

4. Weichensignale, Sicherheitsmarken. Die Verpflichtung zur Anwendung beleuchtbarer Signalkörper an den Weichen und zur Kennzeichnung der Grenzen zusammenlaufender Gleise wurde im Artikel 5 der neuen Grundzüge mittels nachstehender Bestimmungen ausgesprochen:

„Weichen, welche von Zügen befahren werden oder über welche bei Dunkelheit verschoben wird, müssen mit beleuchtbaren Signalkörpern versehen sein.

Zwischen zusammenlaufenden Gleisen muß eine Sicherheitsmarke angebracht sein, welche die Grenze bezeichnet, bis zu der in dem einen Gleis Fahrzeuge aufgestellt werden können, ohne die Fahrt auf dem anderen Gleis zu hindern."

5. Beleuchtung der Weichen. Im Artikel 22 der gegenwärtig geltenden Grundzüge ist unter Punkt 110 die Bestimmung enthalten, daß beim Verkehr der Züge nur jene Weichen beleuchtet werden müssen, deren Passierung gegen die Spitze erfolgt, daß dagegen die

Beleuchtung aller Weichen entfallen kann, welche von den Zügen n a c h der Spitze befahren werden. Als Ergänzung erscheint beigefügt, daß in der kurrenten Bahn verlegte Weichen auch dann, wenn sie n a c h der Spitze befahren werden, zu beleuchten sind, wenn bei denselben nicht ein Wächter steht, oder wenn sie nicht durch Sperrvorrichtungen gesichert sind.

Eine bindende Verpflichtung zur Beleuchtung von bei Verschiebungen zu befahrenden Weichen besteht gegenwärtig nicht.

Die im Hauptbahnbetrieb wohl selten geübte Fakultät, von Zügen nach der Spitze befahrene Weichen nicht zu beleuchten, läßt sich mit den heutigen Anforderungen des Verkehrs nicht vereinbaren; das Stations- und Zugpersonal muß während der Dunkelheit über die Stellung aller zu befahrenden Weichen derart orientiert sein, daß keinerlei Zweifel aufkommen kann. Auch das Interesse der anstandslosen Durchführung der Verschiebungen und die Sicherheit der dabei beteiligten Bediensteten ließ es geboten erscheinen, die Verbindlichkeit zur Beleuchtung der bei Verschiebungen befahrenen Weichen allgemein festzusetzen.

Es wurden deshalb im Artikel 25 der neuen Grundzüge folgende Bestimmungen aufgenommen:

„Sämtliche in Ein- oder Ausfahrgleisen, sowie in der freien Strecke liegenden, von Zügen zu befahrenden Weichen müssen rechtzeitig beleuchtet werden.

Weichen, über welche bei Dunkelheit häufig verschoben wird, sollen in der Regel während der Dauer der Verschiebungen beleuchtet werden."

6. K o n t r o l l e d e r W e i c h e n s t e l l u n g. Die Durchführung der Weichenkontrolle ist für die Sicherheit des Zugverkehrs geradezu ausschlaggebend.

Obwohl nun die Wichtigkeit dieser dem Zugexpedienten oder einem hiezu bestimmten Aufsichtsorgan zufallenden Funktion schon in der Fassung der bisherigen Grundzüge (siehe Artikel 22, Punkt 113) zum gehörigen Ausdruck gelangt war, wurde es dennoch als notwendig erachtet, die bezügliche Bestimmung der neuen Grundzüge (siehe Artikel 25, Punkt 151 und 152) noch schärfer und insbesondere nach dem gegenwärtigen Stande der zur Sicherung ein- und ausfahrender Züge bestehenden Anlagen zu präzisieren.

Es wurde nämlich die Art der Ausübung der Kontrolle bei von Hand zu stellenden, gegen und nach der Spitze zu befahrenden Weichen so festgestellt, wie es die Obsorge für die ungefährdete Fahrt des Zuges erfordert und der Entfall dieser Kontrolle nur rücksichtlich verläßlich verschlossener oder verriegelter und solcher zentral gestellter Weichen zugelassen, welche die Gewähr bieten, daß die Signale für die Ein- oder Ausfahrt eines Zuges nur gegeben werden können, wenn die betreffenden Weichen richtig gestellt und in dieser Stellung festgelegt sind.

Die Bestimmungen darüber, wie die Kontrolle zentral zu stellender, jedoch mit Signalen nicht in Abhängigkeit gebrachter Weichen auszuüben sein wird, wurden mit Rücksicht auf die Verschiedenheit dieser gegenwärtig auf Hauptbahnen wohl nur sporadisch in Anwendung stehenden Einrichtungen nicht vereinbart und werden daher in den von den Verwaltungen aufzustellenden Verkehrs-Vorschriften Aufnahme zu finden haben.

7. Verwendung von zwei Lokomotiven zum Nachschieben von Zügen. Nach den bestehenden Grundzügen (siehe Artikel 11, Punkt 57)

dürfen zur Beförderung eines Zuges höchstens zwei ziehende und eine nachschiebende Lokomotive verwendet werden.

Die auf den Steilrampen mehrerer Staats- und Privatbahnstrecken in der Absicht auf bessere Ausnützung der Zugkraft der Zuglokomotive in der anschließenden Gefällstrecke durchgeführten Versuche haben jedoch dargetan, daß die Verwendung zweier Lokomotiven zum Nachschieben bei Beobachtung gewisser Vorsichten anstandslos geübt werden kann.

Dieses Ergebnis führte dazu, daß in die neuen Grundzüge (siehe Artikel 11, Punkt 52) die Bestimmung aufgenommen wurde, es dürfen zur Beförderung eines Zuges höchstens zwei ziehende und zwei nachschiebende Lokomotiven verwendet werden. Dabei wurde jedoch die Verwendung von zwei Nachschiebelokomotiven von der Genehmigung der zuständigen Behörde abhängig gemacht.

Bei Entscheidung über die Frage, wo eine solche Einrichtung getroffen werden dürfe, wird nebst den Neigungsverhältnissen der Strecke und der Konstruktion der Brücken und des Oberbaues die Inanspruchnahme der Stoßvorrichtungen von maßgebendem Einfluß sein.

8. Kuppelung der Nachschiebelokomotive. Während im Punkte 167 der bisherigen Grundzüge das absolute Verbot des Ankuppelns der Nachschiebelokomotive an den Zug ausgesprochen wird, erscheint im Artikel 32, Punkt 194 der neuen Grundzüge bestimmt, daß die Nachschiebelokomotive in der Regel nicht an den Zug zu kuppeln ist, wobei hinzugefügt wird, daß zur Ausführung des Nachschiebedienstes mit angekuppelter Lokomotive die Genehmigung der zuständigen Behörde einzuholen ist.

Es haben nämlich die in einzelnen Linienabschnitten wiederholt wechselnden Neigungsverhältnisse einer Privatbahn schon vor längeren Jahren dazu geführt, daß der Nachschiebedienst mit angekuppelter Lokomotive dortselbst mit behördlicher Genehmigung aufgenommen wurde, welche Maßnahme auf der betreffenden Strecke seither in bewährter Übung steht. In neuerer Zeit ist diese Art der Beförderung nachgeschobener Züge nach in jedem Fall vorgenommenen umfassenden Versuchen auf mehreren Staats- und Privatbahnlinien, welche ähnliche Neigungsverhältnisse aufweisen, eingeführt worden.

Tatsächlich gewährt der Nachschiebedienst mit angekuppelter Lokomotive den Vorteil, daß die zeitraubende Wiederanstellung der nicht angekuppelten Nachschiebelokomotive an den Zug, welche nach jedesmaliger Trennung in der offenen Strecke und in den Stationen unerläßlich ist, in Wegfall kommt, und daß überdies die Zerlegung des Zuges in zwei voneinander abhängige, aber zeitweilig räumlich getrennte Elemente — bekanntlich muß die Nachschiebelokomotive in Strecken, wo sie außer Funktion tritt, dem Zug in angemessener Entfernung folgen — welche häufig zu Mißverständnissen, ja zu Unfällen Anlaß gibt, vermieden werden kann. Letzteres Moment fällt bei der Zugfolge im Raumabstand und vornehmlich für die Bedienung der Raumabschlußsignale ganz besonders in die Wagschale.

Daß für die Traktion solcher Züge besondere Vorschriften aufgestellt werden müssen, daß ferner das Lokomotivpersonal in Strecken mit wiederholt wechselnder Gradiente die größte Aufmerksamkeit aufwenden muß, um den ungefährdeten Gang des Zuges zu sichern, braucht nicht erst betont zu werden.

9. **Stellung der Zuglokomotiven.** Punkt 55 der gegenwärtig in Kraft stehenden Grundzüge ist dahin ergänzt, daß sich die Zuglokomotive in der Regel „mit dem Rauchfange voraus" an der Spitze des Zuges befinden soll. Durch diese Einschaltung ist der zweite Absatz des zitierten Punktes „der Tender darf im allgemeinen der Lokomotive nicht vorausgehen" überflüssig geworden.

Tenderlokomotiven dürfen künftighin in verkehrter Stellung ausnahmslos, Lokomotiven mit Schlepptender in solcher Stellung nur bei Sekundär-(Omnibus-) Zügen verwendet werden.

Punkt 56 der bisherigen Grundzüge — Punkt 51 neu — wurde nur insofern abgeändert, als die Verwendung einer Lokomotive am Zugschlusse auch zum Ingangbringen von Zügen in den Stationen gestattet sein soll.

10. **Verwendung von Vorspannlokomotiven.** Im Punkte 53 der neuen Grundzüge erscheint der Wortlaut der im Punkte 58 der bisherigen Grundzüge unter Hinweglassung der Einschaltung „tunlichst" wiedergegeben, woraus sich die bedingungslose Verpflichtung ergibt, in allen Fällen, wo zur Vorspannleistung eine Lokomotive verwendet werden muß, welche nicht der Kategorie der Zuglokomotive angehört, als führende, d. i. als erste Lokomotive jene zu verwenden, für welche eine größere Geschwindigkeit gestattet ist.

11. **Entfall des Sicherheitswagens.** Punkt 60 der in Kraft stehenden Grundzüge setzt ohne Zulaß einer Ausnahme fest, daß bei Zügen, welche zur Beförderung von Reisenden bestimmt sind, zwischen der Lokomotive, bezw. dem Tender, und dem ersten mit Reisenden zu besetzenden Wagen wenigstens ein Wagen ohne Reisende

als Sicherheitswagen eingereiht werden darf. Bei den auf Eisenbahnen mit normalem Betriebe verkehrenden Sekundär- (Omnibus-) Zügen (siehe § 1 der Grundzüge der Vorschriften für die Ausführung des Verkehrs- und Transportdienstes bei Sekundär- (Omnibus-) Zügen auf Eisenbahnen mit normalem Betriebe dürfte von der Einschaltung eines Sicherheitswagens unter gewissen Bedingungen abgesehen werden.

Die uneingeschränkte Aufrechthaltung der ersteren Maßnahme, welche insbesondere bei wiederholtem Umkehren von Zügen, wie es der Pendelverkehr auf kürzeren Linien und der Lokalverkehr im Umkreise großer Städte bedingt, zeitraubende Verschiebungen verursacht, wurde nach den bei Sekundärzügen und im Lokalbahnbetrieb gesammelten Erfahrungen und in der Überzeugung, daß die auch bei Zügen, welche mit geringerer Fahrgeschwindigkeit verkehren, im ersten Wagen hinter der Zuglokomotive untergebrachten Reisenden keinen aus der Einreihung dieses Wagens hervorgehenden besonderen Gefahren ausgesetzt sind, nicht für erforderlich gehalten. Es wurde daher im Punkte 55 der neuen Grundzüge, welcher die Einreihung eines Sicherheitswagens zwischen Zuglokomotive und dem ersten mit Reisenden besetzten Wagen sowie bei Verwendung einer Nachschiebelokomotive zwischen dieser und dem letzten Wagen, in welchem sich Reisende befinden, vorschreibt, bestimmt, daß die Beigabe des Sicherheitswagens hinter die Zuglokomotive bei Zügen entfallen kann, deren Maximalfahrgeschwindigkeit 45 *km* in der Stunde nicht übersteigt.

12. Zur Beförderung mit Schnellzügen geeignete Wagen. Punkt 65 der jetzigen Grundzüge bestimmt, daß Güterwagen nur dann in Schnellzügen laufen dürfen, wenn sie sich vermöge ihrer Kon-

struktion, ihres Zustandes und ihrer Belastung zur Beförderung mit größerer Geschwindigkeit eignen. Nach Punkt 58 der neuen Grundzüge dürfen in Schnellzüge mit einer Geschwindigkeit von mehr als 60 *km* in der Stunde nur jene Wagen — demnach Personen- und Güterwagen — eingereiht werden, welche sich für den Schnellzugverkehr eignen und als solche besonders gekennzeichnet sind.

Für die Festsetzung der Geschwindigkeitsgrenze war der Umstand maßgebend, daß den Fahrordnungen der meisten Personenzüge Geschwindigkeiten zwischen 50 und 60 *km*/Std. zugrunde gelegt sind und auch besonders beschleunigte Gütereilzüge streckenweise solche Geschwindigkeiten erreichen.

13. Beförderung von Wagen mit Hartgußrädern. Die Beförderung von Wagen mit Hartgußrädern (vordem Schalengußräder genannt) ist nach den bisherigen Bestimmungen (siehe Punkt 67 der Grundzüge) nur bei solchen Zügen mit Personenbeförderung gestattet, welche mit keiner größeren Geschwindigkeit als 45 *km*/Std. verkehren. Dabei ist die Zulässigkeit der Beförderung solcher Wagen mit Zügen, deren Fahrgeschwindigkeit 40 *km*/Std. und darüber beträgt, an die Bedingung geknüpft, daß die Räder aus behördlich speziell bezeichneten Fabriken stammen müssen.

Da es nach vieljährigen Erfahrungen unbedenklich erschien, diese Beschränkung fallen zu lassen, wurde bereits vor mehr als zwei Jahren die Beigabe von Wagen mit Hartgußrädern zu Zügen mit einer Geschwindigkeit bis zu 50 *km*/Std. gestattet. Die neuen Grundzüge (siehe Artikel 11, Punkt 61) bestimmen analog, daß Wagen mit Hartgußrädern von der Verwendung in Zügen, welche mit einer größeren Geschwindigkeit als 50 *km* in der Stunde verkehren, ausgeschlossen sind.

Mit Rücksicht auf die Fortschritte in der Erzeugung solcher Räder wurde überdies festgesetzt, daß Wagen mit Hartgußrädern besonderer Beschaffenheit mit Genehmigung der zuständigen Behörde auch bei Zügen mit größerer Fahrgeschwindigkeit verwendet werden dürfen.

Es sind übrigens Versuche mit sogenannten Griffinrädern im Zuge, deren voraussichtlich günstige Ergebnisse dazu führen dürfte, die Beförderung von Wagen mit solchen Rädern mit Zügen bis zu 60 *km*/Std. allgemein zuzulassen.

14. Einreihung von Wagen. Die bezüglichen Bestimmungen der bisherigen Grundzüge wurden wie folgt ergänzt oder abgeändert:

α) Punkt 66 (alt), welcher die Einreihung der zum Personentransport bestimmten Wagen in gemischte Züge und in Güterzüge mit Personenbeförderung behandelt, wurde, einer unabweisbaren Anforderung entsprechend, im Punkte 60 (neu) dahin ergänzt, daß die Einreihung solcher Wagen unmittelbar hinter die Zuglokomotive, bezw. hinter den Sicherheitswagen gestattet ist, wenn deren Erwärmung von der Zuglokomotive aus erfolgt; der zweite Absatz des Punktes 66 (alt), welcher besagt, daß Verschiebungen mit den Personenwagen in den Unterwegsstationen tunlichst zu vermeiden sind, wurde gänzlich weggelassen, da bei der künftighin während der Beheizungszeit zulässigen Einreihung solche Verschiebungen kaum vermieden werden können.

β) Im Punkte 70 (alt) wird angeordnet, daß die mit feuergefährlichen Gegenständen beladenen Wagen in der rückwärtigen Hälfte der Züge, mit welchen solche Wagen befördert werden dürfen, einzureihen sind.

Punkt 63 (neu) präzisiert diese Bestimmung dahin, daß die mit feuergefährlichen Gütern beladenen **offenen** Wagen **stets** und die mit solchen Gütern beladenen **gedeckt** gebauten Wagen **in der Regel** in der rückwärtigen Hälfte des Zuges einzureihen sind.

γ) Punkte 71 und 73 (alt) normieren die Einreihung von **drei** Wagen zwischen die mit Langholz oder anderen langen, über mehr als einen Wagen reichenden Gegenständen beladenen, mit gemischten Zügen oder Güterzügen mit Personenbeförderung transportierten Wagen und die Personenwagen, während im Punkte 64 (neu) die Einreihung wenigstens **eines** Wagens, dessen Wände oder dessen Ladung höher reicht als die Ladung der mit Langholz etc. beladenen Wagen angeordnet wird. Die diesfalls gewonnenen Erfahrungen haben ergeben, daß die Betriebssicherheit auch bei Verwendung nur eines Zwischenwagens ausreichend gewahrt wird.

δ) Neu aufgenommen erscheinen nachfolgende in der Praxis bereits geübte Bestimmungen, u. zw.

unter Punkt 66:

„Wagen mit lebenden Tieren sollen hinter die mit Personen besetzten Wagen eingereiht und von diesen durch andere Güterwagen getrennt werden.

Für mit Pferden beladene Wagen entfallen diese Beschränkungen;"

unter Punkt 68:

„Reparaturbedürftige Wagen, welche zwar lauffähig sind, deren Gebrechen jedoch die Einreihung zwischen den übrigen Wagen des Zuges ohne Gefährdung der Betriebssicherheit nicht zulassen, sind als die letzten im Zuge einzureihen."

15. **Anzahl und Verteilung der Bremswagen.** An Stelle der im Artikel 12 der bisherigen

Grundzüge enthaltenen Bremsnormen wurde mit dem Erlasse des k. k. Handelsministeriums. vom 20. Dezember 1890, Z. 56856, im Einvernehmen mit dem königl. ungar. Handelsministerium für sämtliche Eisenbahnen mit normalem Betriebe in Österreich und Ungarn eine neue Bremsvorschrift zur provisorischen Einführung gebracht, welche nach dem Erlasse des Eisenbahnministeriums vom 26. April 1898, Z. 11802, bis zur Einführung der neuen einheitlichen Verkehrsinstruktion in Anwendung zu bleiben hat. Letztere Verfügung steht mit dem Studium der Bremsfrage, welche dem technischen Unterausschuß des Vereins Deutscher Eisenbahnverwaltungen übertragen wurde, insofern im Zusammenhang, als die Erlassung endgiltiger Normen erst erfolgen soll, bis diese Frage ihrer Lösung zugeführt sein wird. Die durch wiederholte umfassende Versuche verursachte Verzögerung dieser Angelegenheit brachte es mit sich, daß in die neuen Grundzüge die in vorläufiger Geltung stehenden Bremsvorschriften mit einigen, das ihnen zugrunde gelegte Prinzip nicht berührenden Modifikationen aufgenommen wurden.

Diese Modifikationen bestehen neben der unter A_3 besprochenen Einführung der durchgehenden selbsttätigen Bremse bei Zügen mit mehr als 60 *km* Geschwindigkeit in der Stunde, in der unter Punkt 74 (neu) aufgenommenen, bloß erläuternden Bestimmung, wonach, wenn sich bei einem Zuge kalte Lokomotiven oder Tender befinden, deren Gewicht bei Ermittlung der zu bremsenden Last stets und bei Ermittlung der Anzahl der zu besetzenden Bremsen dann in Betracht zu ziehen ist, wenn die Lokomotiv- bezw. die Tenderbremsen bedient werden; ferner in den nachstehenden, in der Praxis bereits in Geltung stehenden Anordnungen:

„Bei Zügen mit durchgehender Bremse muß die nach Maßgabe der vorstehenden Bestimmungen zu bremsende Last vorhanden sein, während die Besetzung der Handbremsen mindestens nach den Bremsprozenten für die kleinste in der Tabelle ausgewiesene Geschwindigkeit zu erfolgen hat.

Versagt die durchgehende Bremse, so ist die Fahrgeschwindigkeit derart zu vermindern, wie es nach den vorstehenden Bestimmungen die vorhandene Anzahl besetzter Handbremsen erfordert.

Wenn bei einem mit durchgehender Bremse versehenen Zuge Wagen ohne durchgehende Bremse rückwärts beigegeben werden, so muß bei den letzteren die den vorgeschriebenen Bremsprozenten entsprechende Anzahl Handbremsen bedient sein.

Bei Wagen, deren Achsen nicht alle bremsbar sind, ist nur derjenige Teil des Bruttogewichtes als Bremsbrutto in Rechnung zu ziehen, welcher der bremsbaren Achsenanzahl entspricht."

16. Entfall der Zugleine. Wie bereits unter A 3 ausgeführt wurde, soll bei Zügen mit durchgehender selbsttätiger Bremsung dafür vorgesorgt sein, daß die Notbremse durch in den einzelnen Wagenabteilen anzubringende Vorrichtungen betätigt werden könne.

Da durch eine solche Einrichtung der mit der Zugleine oder mit dem elektrischen Interkommunikationssignal verbundene Zweck in vollkommenster Weise erreicht wird, so wird im Punkt 71 der neuen Grundzüge bestimmt, daß bei Schnell- und Personenzügen mit durchgehender Bremse, welche vom Zuge aus betätigt werden kann, die Signalleine nur dann erforderlich ist, wenn die Züge Wagen führen, welche an die Bremsleitung nicht angeschlossen sind.

Sonst hat die Zugleine oder das an ihre Stelle tretende Verständigungsmittel, wie bisher, bei Schnell- und Personenzügen von der vordersten Lokomotive über den ganzen Zug bis zum letzten Bremsposten, bei allen anderen Zügen von der vordersten Lokomotive wenigstens bis zum ersten Bremsposten zu reichen.

17. **Ausführung der Verschiebungen.** Eine durchgreifende Umgestaltung erfuhr der den Verschubdienst behandelnde Artikel 10 der bisherigen Grundzüge. Nachdem die Bestimmungen des dieselbe Materie enthaltenden Artikels 10 der neuen Grundzüge, welche sich auf Verschiebungen beim Erwarten eines Zuges und auf das sogenannte englische Verschieben beziehen, bereits unter *A* 7 und *A* 14 besprochen wurden, sei im nachfolgenden jener wesentlichen Änderungen gedacht, die einerseits in der Absicht, den im Verschubdienst verwendeten Bediensteten die ihnen auferlegte Verantwortlichkeit für verbotene, jedoch nach ihrem unlösbaren Zusammenhang mit der diesen Bediensteten auferlegten Dienstverrichtung kaum zu vermeidende Handlungen abzunehmen, andererseits die Vorschriften von die Abwicklung der Verschiebungen behindernden Fesseln zu befreien, die bei den gegenwärtigen Anforderungen umso unzeitgemäßer erscheinen, als die Praxis gelehrt hat, daß die strenge Einhaltung der betreffenden Vorschriften Unregelmäßigkeiten im Verkehr herbeizuführen geeignet ist.

In ersterer Beziehung ist das in den Verkehrs- und sonstigen Detailinstruktionen enthaltene Verbot zu erwähnen, wonach die Verschieber niemals zwischen die Wagen treten oder unter den Puffern durchkriechen dürfen, wenn die ein- oder auszukuppelnden Wagen nicht vollständig still stehen.

Die passive Duldung der Übertretung dieses Verbotes, an dessen strikte Aufrechthaltung nicht gedacht werden kann, wenn die Verschiebungen nicht das Doppelte der hiefür nach der jeweiligen Sachlage zugemessenen Zeit in Anspruch nehmen sollen, bildete schon häufig den Gegenstand berechtigter Rekriminationen der bei vorgekommenen Unfällen zur Verantwortung gezogenen Bediensteten selbst und abfälliger Erörterungen bei der Austragung der bei Gerichten anhängig gemachten Anstände.

Die neuen Grundzüge beseitigen diesen Nachteil durch die bei den österreichischen Eisenbahnverwaltungen bereits im Jahre 1901 in Kraft gesetzten Bestimmungen (siehe Punkt 39), daß die Bediensteten, welche das An- und Abkuppeln der Fahrzeuge zu besorgen haben, nur dann zwischen die Fahrzeuge treten dürfen, wenn diese bereits still stehen oder sich nur mehr in langsamer Bewegung befinden.

Das Dazwischentreten zwischen sich langsam bewegende Fahrzeuge soll indes dann vermieden werden, wenn damit besondere Gefahr verbunden wäre, wie bei Glatteis, aufgerissener Schotterbettung u. s. w. Untersagt ist ferner zwischen einander nahe stehenden Puffern aufrecht durchzugehen.

Ein Verschubsignal darf erst gegeben werden, wenn der das An- und Abkuppeln besorgende Bedienstete diese Vorrichtung vollständig beendet hat, herausgetreten ist und „fertig" gerufen hat (Punkt 40 neu). Vollständiger Stillstand der Fahrzeuge wird gefordert, wenn bei Verschiebungen mit einer Lokomotive, die mit einem Lokomotivschneepfluge ausgerüstet ist, an der Schneepflugseite an- oder abgekuppelt werden soll.

Das Verbot des Abrollenlassens, welches sich nach Punkt 51 der bisherigen Grundzüge auf mit Reisenden oder Postbediensteten besetzte Wagen erstreckte, wurde auf Wagen, die mit explosiven Gütern oder lebenden Tieren beladen sind, dann auf mit Flüssigkeiten gefüllte Kessel(Reservoir)wagen, Heizkesselwagen und nur durch die Ladung verbundene Schemelwagen ausgedehnt.

Betreffend die auf die Ausführung der Verschiebungen selbst bezüglichen Vorschriften wird hervorgehoben, daß die Geschwindigkeit, mit welcher Rangierbewegungen vorzunehmen sind, im Gegensatz zu der im Punkte 41 der jetzigen Grundzüge niedergelegten Vorschrift in den neuen Grundzügen nicht begrenzt wurde. Nach der zitierten Vorschrift darf die Fahrgeschwindigkeit bei Verschiebungen mit Lokomotiven höchstens 15 km/Std. betragen, wenn sich die Lokomotive an der Spitze der zu verschiebenden Fahrzeuge befindet und 10 km/Std. nicht überschreiten, wenn die Lokomotive Wagen zu verschieben hat.

Diese Geschwindigkeitsgrenze unter allen Verhältnissen einzuhalten, ist nicht erforderlich und erwies sich auch in der Praxis als unausführbar.

Nicht erforderlich, weil der Lokomotivführer, wenn ein längeres freies Gleis zu durchfahren und die Fernsicht nicht behindert ist, ohne jegliche Beeinträchtigung der Sicherheit schneller fahren kann; nicht ausführbar, weil die für einzelne Verschiebemanipulationen zur Verfügung stehende Zeit überschritten werden müßte, wenn jede Bewegung innerhalb der Grenzen der normierten Geschwindigkeit zur Ausführung gelangte.

In der Erwägung, daß die Geschwindigkeit, mit welcher bei Verschiebungen mit Lokomotiven gefahren werden kann, von mehreren Faktoren abhängig ist, als welche vornehmlich die Anzahl der zu verschiebenden Wagen, die Bremsenbesetzung, die Länge des durchzufahrenden Gleises, Fernsicht und die Rücksicht auf die Sicherheit der bei der Verschiebung beteiligten Bediensteten bezeichnet werden, wurde von der Festsetzung irgend einer Geschwindigkeit gänzlich abgesehen und wird es daher in Hinkunft, unbeschadet eventueller Geschwindigkeitsgrenzen, welche in den Verkehrsvorschriften festgesetzt werden sollten, dem die Verschiebung leitenden Organ obliegen, auf die Geschwindigkeit der Rangierbewegung, nach Maßgabe des Zutreffens der einschlägigen Bedingungen, derart Einfluß zu nehmen, daß den gebotenen Vorsichten Rechnung getragen werde.

18. Kuppelung der Fahrzeuge. Im Artikel 13 der neuen Grundzüge wird in Übereinstimmung mit den Bestimmungen der „Instruktion für die Manipulation mit den im österreichisch-ungarischen Eisenbahnverkehre zugelassenen Sicherheitskuppelungen" die ausnahmslose Kuppelung der Fahrzeuge mittels Schraubenkuppeln und die doppelte Kuppelung sämtlicher Fahrzeuge angeordnet.

Die bisherigen Grundzüge schreiben im Punkte 84 die Verwendung von mit Schraubenkuppeln versehenen Wagen bei Schnell- und Personenzügen vor.

Andere Kuppelungsvorrichtungen dürfen in Hinkunft nur mit Genehmigung der zuständigen Behörde verwendet werden.

19. Postierung des Zugführers. Der Zugführer hat nach den geltenden Bestimmungen seinen Platz auf dem ersten hinter der Zuglokomotive eingestellten Sicherheitswagen einzunehmen. Im Punkte 54 der neuen Grundzüge wird hievon insofern eine Abweichung stipuliert, als der Sicherheitswagen künftighin

mit einem Zugbegleiter überhaupt besetzt zu werden braucht.

Diese Änderung wurde unter dem Gesichtspunkt vorgenommen, daß es, abgesehen von den nur mit einem als Zugführer fungierenden Zugbegleiter besetzten Sekundär(Omnibus)zügen, den Verwaltungen freigestellt werden soll, den Zugführer so zu postieren, wie es unter verschiedenen Verhältnissen die Überwachung des Zuges und der durch sonstige Erfordernisse bedingte Dienst des Zugführers erfordern.

20. Verhalten des Zugpersonals während der Fahrt eines Zuges. Nebst den unter A 11 besprochenen Bestimmungen über das Verhalten des Zugpersonals bei Wahrnehmung von Signalen enthält der wie oben überschriebene Artikel 28 der neuen Grundzüge noch die in den bisherigen Grundzügen nicht enthaltene knappe Umschreibung des dem Zugführer während der Fahrt eingeräumten Wirkungskreises.

Analog, wie es beim Zugexpedienten erfolgte (siehe die unter 23 nachfolgende Ausführung), soll dadurch die Eigenschaft des Zugführers als eines den übrigen Zugbegleitern vorgesetzten und für die während der Fahrt und bei Aufenthalten auf der Strecke zu treffenden Verfügungen allein verantwortlichen Organs charakterisiert werden.

Im Punkte 167 des zitierten Artikels wird ferner die bisher nicht bestandene Anordnung getroffen, daß bei Zügen mit durchgehender Bremse, denen am Schluß Wagen ohne solche Bremse beigegeben werden (siehe ad 4), die zur Bedienung der Handbremsen letzterer Wagen bestimmten Zugbegleiter ihre Posten nicht verlassen dürfen.

Da die Berechtigung zur Entfernung von der

Bremse den mit der Fahrkartenrevision betrauten Zugbegleitern nach wie vor eingeräumt wurde, mußte diese
Ausnahme festgesetzt werden, um erforderlichenfalls die
unverzügliche Betätigung der Handbremsen gesichert zu
wissen.

21. Einschränkung der Botenvoraussen-
dung. In den Artikeln 28 und 35 der bisherigen Grundzüge
wird bestimmt, daß einem von der Strecke zurückschiebenden oder einem hilfsbedürftigen, vor Eintreffen
der verlangten Hilfslokomotive weiterfahrenden Zuge ein
Bote in der stets einzuhaltenden Entfernung von 1000 m
vorauszugehen hat.

In den Punkten 183 und 211 der neuen Grundzüge
wird diese über das tatsächliche Erfordernis hinaus-
gehende Entfernung auf 800 m eingeschränkt und erscheint überdies rücksichtlich der mit Raumabschlußeinrichtungen ausgerüstete Strecken bestimmt, daß die Weiterfahrt nach erfolgter Verständigung mit dem zunächst
erreichten Block- oder Zugmeldeposten ohne Voraussendung
eines Boten stattfinden kann.

22. Beleuchtung der Züge in Tunnels. Nach
den Bestimmungen des Artikels 6 der bisherigen Grundzüge sind die Signale an den Zügen und die zur Beförderung von Personen benützten Wagen bei der Fahrt
durch längere Tunnels auch von Innen zu beleuchten.
Daraus ist ersichtlich, daß eine einheitliche Festsetzung
der Länge solcher Tunnels, in welchen die Züge beleuchtet zu sein haben, nicht vorhanden ist. Bei den
österreichischen Staatsbahnen besteht beispielsweise die
Anordnung, daß bei der Fahrt durch Tunnels von mehr
als 500 m Länge die Signallaternen an den Zügen und
die Handsignallaternen der Zugbegleiter, in Tunnels von

mehr als 800 *m* Länge auch die Wagenabteilungen zu beleuchten sind.

Nunmehr wird im Punkte 2 der neuen Signalordnung angeordnet, daß die für die Dunkelheit bestimmten sichtbaren Signale in längeren Tunnels und bei Tag stets dann zu gebrauchen sind, wenn die Tagsignale auf die erforderliche Entfernung nicht deutlich wahrgenommen werden können, während nach Artikel 7 der neuen Grundzüge die zur Beförderung von Personen benützten Wagen während der Fahrt bei Dunkelheit und in Tunnels, zu deren Durchführung mehr als drei Minuten gebraucht werden, auch innen zu beleuchten sind.

23. **Ankunft und Aufenthalt der Züge in den Stationen.** Es wurde als notwendig erachtet, an die Spitze des in den neuen Grundzügen so überschriebenen Artikels 27 eine die Obliegenheiten des Zugexpedienten zusammenfassende Bestimmung zu setzen, durch welche seine Stellung gegenüber dem Stations- und Zugpersonal und der Grad seiner Verantwortlichkeit präzisiert wird. Diese Bestimmung besagt: „Die zur Aufrechthaltung der Ordnung, Regelmäßigkeit und Sicherheit des Zugverkehres erforderlichen Maßnahmen hat in den Stationen (Ausweichen) der Zugexpedient zu treffen.

Hiedurch erscheint implizite zum Ausdruck gebracht, daß Eingriffe in die hierauf abzielenden Verfügungen des Zugexpedienten unstatthaft sind. Wenn hiedurch, wie selbstverständlich, der Überwachungstätigkeit der hiezu berufenen Organe keine Schranken gesetzt sind, so legt ihnen diese Bestimmung doch die Pflicht auf, ein Einvernehmen mit dem Zugexpedienten in allen Fällen zu pflegen, in welchen eine Korrektur der von ihm getroffenen vorbereitenden Maßnahmen als notwendig erkannt werden sollte.

Die im Punkte 120 der jetzt geltenden Grundzüge, rücksichtlich Verständigung der Stationen über die Abfahrt der Züge, wurde im Punkte 159 (neu) nach dem Stande der gegenwärtigen Einrichtungen insofern abgeändert, als auch die telephonische Ansage der Zugabfahrt zugelassen wird und die gänzliche Unterlassung dieser Verständigung nicht nur für doppelgleisige Strecken, sondern überall dort, wo bei vorhandenen Raumabschlußeinrichtungen (Block- oder Zugmeldeposten) deren vorschriftsmäßige Bedienung gesichert ist und nebstdem die Glockenschlagwerksignale verläßlich funktionieren, vorgesehen ist.

In den obbezeichneten Artikel wurde ferner das Verbot der gleichzeitigen Einfahrt von Gegenzügen (siehe A 6) neu aufgenommen und erfuhr auch die im Punkte 123 (alt) niedergelegte Bestimmung über das Anziehen der Bremsen während des Aufenthaltes in Stationen eine Ergänzung dahin, daß das Lüften der Bremsen während des Aufenthaltes in Stationen und Haltestellen, welche im Gefälle liegen, erst erfolgen darf, wenn der Lokomotivführer mit der Dampfpfeife das Signal zur Abfahrt gibt. (Siehe Punkt 163 neu).

Endlich wurde in diesem Artikel noch das Verbot der gleichzeitigen Entfernung des Lokomotivführers und des Heizers von der Lokomotive ausgesprochen.

24. Anwendung des Telephons im Verkehrsdienst. Die Telephonkorrespondenz nimmt im Eisenbahnbetrieb schon gegenwärtig einen ziemlich breiten Raum ein. Auf Lokalbahnen ist dieselbe vom Beginn an allgemein an Stelle der telegraphischen getreten; auf Hauptbahnen bestehen zahlreiche Telephonverbindungen zwischen den Stationen und den Wächterhäusern, welche vornehmlich zur Verständigung der

Streckenwächter über den Zugverkehr dienen und die zeitraubende schriftliche Avisierung ersetzen.

Auf Linien mit Raumabschlußeinrichtungen wird die erforderliche Verständigung zwischen den zur Regelung der Zugfolge berufenen Posten mittels Telephons herbeigeführt u. s. w.

Der Wert dieser Einrichtung ist so anerkannt, daß die Herstellung von Telephonlinien längs der Hauptbahnen überall in rascher Progression begriffen ist. Beispielsweise dürften in Bayern gegenwärtig schon sämtliche von Schnellzügen befahrenen Strecken derart mit Fernsprecheinrichtungen versehen sein, daß jedes besetzte Wächterhaus ein Telephon besitzt und wo die Entfernung zwischen zwei benachbarten Wächterhäusern mehr als 2·5 km beträgt, eine sogenannte Fernsprechbude eingeschaltet ist, wodurch bezweckt wird, daß das Personal eines liegen gebliebenen Zuges die Verständigung mit den angrenzenden Zugfolge-Stationen schleunigst bewirken kann.

Wo es auch immer geschah, sind die Vorteile einer raschen Verständigung so eklatant zutage getreten, daß die grundsätzliche Einführung des Telephons in den Eisenbahnbetrieb gar nicht von der Hand gewiesen werden kann.

Bei der universellen Bedeutung, welche dem telephonischen Gespräch gegenwärtig beigelegt werden muß, kann auch der Eisenbahnbetrieb einer Einrichtung nicht entraten, welche, fast jedem Bediensteten zugänglich, die schnellste und unmittelbarste Verständigung ermöglicht und Zeitverluste ausschließt, die sonst in nachteiligster Weise empfunden werden können.

Das Telephon muß demnach allen jenen Einrichtungen ebenbürtig zur Seite gestellt werden, welche geeignet sind, die Attribute des Eisenbahnverkehrs — Exaktheit und Schnelligkeit — zu festigen.

Den Bedenken, welche dagegen in der Richtung geltend gemacht werden, daß das nur akustisch wirkende Telephon jener Verläßlichkeit entbehrt, welche als Grundlage für die richtige Ausführung bestimmter Verfügungen anzusehen ist, kann, wie die Erfahrung lehrt, durch den Ausschluß der Telephonkorrespondenz rücksichtlich solcher Verfügungen, sowie durch bereits bewährte Kontrolleinrichtungen Rechnung getragen werden.

Von diesen Erwägungen geleitet, wurde in den neuen Grundzügen das Telephon neben dem Telegraphen als gleichberechtigter Faktor hingestellt.

Ausdrücklich gestattet ist künftighin die Benützung des Telephons zur Verständigung der Stationen und zur Avisierung des Wächterpersonals über den Verkehr außergewöhnlicher Züge, zur Abgabe der Rückmeldung, sofern dieselbe nicht durch die vorschriftsmäßige Bedienung der Blockwerke erfolgt, zur Ansage des Zugabganges und zu jeder Art von Verständigungen, welche bei angehaltenen, zurückschiebenden oder hilfsbedürftigen Zügen, sowie beim Entrollen von Fahrzeugen erforderlich sind.

25. Schneepflugfahrten. In Zukunft ist das nach den Bestimmungen des Artikels 39 der bisherigen Grundzüge zulässige, in der Praxis jedoch nicht geübte Vorausschieben eines Wagens zum Brechen des Glatteises nicht gestattet und wird im Artikel 39 festgesetzt, daß ein auf eigenen Rädern laufender Schneepflug vor die Lokomotive solcher Züge gestellt werden darf, welche mit keiner größeren Geschwindigkeit als 30 km/Std. verkehren.

Das Verbot, solche Schneepflüge bei Zügen vorauszuschieben, die fahrplanmäßig Personen befördern, wurde aufrecht gehalten.

26. Bahnwagenfahrten. Während im Punkte 187 der geltenden Grundzüge bestimmt wird, daß Personen auf beladenen Bahnwagen unter keiner Bedingung mitfahren dürfen, gestatten dies die neuen Grundzüge (siehe Punkt 212) mit der Einschränkung, als es unter Wahrung der persönlichen Sicherheit zur Bremsung des Bahnwagens notwendig ist.

Die bei Materialverführungen in Gefällsstrecken erforderliche Bremsung des beladenen Bahnwagens gesichert zu wissen, bietet nämlich für die Sicherheit der Fahrt und des Begleitpersonals eine verläßlichere Gewähr als die Aufrechthaltung eines den vorliegenden Erfahrungen zufolge illusorischen, weil in der Praxis selten beobachteten Verbotes.

27. Freihaltung der Bahnbreite. Die im Artikel 4 der bisherigen Grundzüge niedergelegten Details über die Freihaltung der Bahnbreite wurden mit Rücksicht darauf, als die Bestimmungen betreffend die Dimensionen und den Abstand der neben und zwischen den Gleisen zu lagernden Schotterhaufen von den Bahnaufsichts- und Bahnerhaltungsorganen zu beobachten sind, eliminiert. Im Artikel 3 der neuen Grundzüge wurden nur jene Abstände angegeben, die bei Ablagerung von Gegenständen neben den Stationsgleisen eingehalten werden müssen.

C 1. Verbot der Personenbeförderung mit zum Transport explosiver Stoffe bestimmten Güterzügen. Nach den Bestimmungen des Artikels 15 der bisherigen, bezw. des Artikels 21 der neuen Grundzüge dürfen mit Güterzügen nebst Militärtransporten, zu welchen künftighin auch die im Punkte 117 a (neu) aufgezählten Militärpersonen zu rechnen sind, Begleiter von besonders bezeichneten Sendungen, Organe einzelner staatlicher Behörden und Feuerwehrmannschaft bei Hilfeleistung befördert werden. Von der Beförderung solcher Personen — Militärtransporte ausgenommen — sind jedoch in Zukunft solche Güterzüge ausgeschlossen, in welche mit explosiven Stoffen beladene Wagen eingereiht sind (siehe Punkt 119 neu).

Dieser Bestimmung lag die Absicht zugrunde, den Zweifeln zu begegnen, welche in der Richtung aufgetaucht sind, ob das bestehende Verbot, explosive Güter Zügen beizugeben, mit welchen Personen befördert werden, auch auf solche Güterzüge ausgedehnt werden soll, mit welchen die im Artikel 15 (alt) bezeichneten Personen befördert werden dürfen, oder ob sich dieses Verbot nur auf die fahrordnungsmäßig als zur Personenbeförderung bestimmten Züge erstreckt.

Die Lösung dieses Zweifels konnte trotz der bestehenden betriebstechnischen und ökonomischen Bedenken nur unter dem Gesichtspunkte der Wahrung der Sicherheit jener Personen erfolgen, die zur Beförderung mit Güterzügen zugelassen sind.

So wie im Punkte 105 (alt) und im Punkte 116 (neu) bestimmt wird, daß auf der Lokomotive und auf dem Tender nicht mehr Personen Platz nehmen sollen, als mit Rücksicht auf die Erfordernisse des Dienstes und die Sicherheit dieser Personen zulässig ist, wird im Punkte 120 (neu) die gleiche Maßnahme rücksichtlich der Benützung des Dienstwagens getroffen.

2. Schutz der Reisenden beim Aus- und Einsteigen. Während im Punkte 124 (alt) nur bestimmt wird, daß das Aus- und Einsteigen der Reisenden nur nach erfolgtem Stillstand des Zuges erfolgen soll, werden im Artikel 27 der neuen Grundzüge in Anlehnung an die

Praxis Anordnungen getroffen, welche die Sicherheit der aus- und einsteigenden Reisenden im Auge haben.

Durch die einheitliche Festsetzung soll den hiezu berufenen Organen die Unerläßlichkeit der darauf abzielenden Maßnahmen und die Notwendigkeit, der Durchführung derselben ihre stete Fürsorge zuzuwenden, zum Bewußtsein gebracht werden. Punkt 164 (neu) lautet:

„Das Aus- und Einsteigen der Reisenden darf erst nach erfolgtem Stillstand des Zuges und in der Regel nur auf jener Seite geschehen, wo das Aufnahmsgebäude oder der hiezu bestimmte Bahnsteig liegt.

Wenn in einer Station mehrere Züge gleichzeitig Aufenthalt nehmen sollen und einer oder mehrere derselben Personen befördern, so ist die Aufstellung der Züge und der Dienst derart zu regeln, daß den ein- und aussteigenden Reisenden hieraus keine Gefahr erwächst.

Die Gleise, welche von den Reisenden überschritten werden müssen, und der von den Reisenden beim Ein- und Aussteigen zu benützende Weg sind von jedem Hindernisse frei zu halten und bei Dunkelheit auch genügend zu beleuchten."

D 1. Modus der Übergabe und Übernahme des Dienstes. Im Punkte 6 der bisherigen Grundzüge wird die persönliche Anwesenheit des abzulösenden und des den Dienst übernehmenden Organes als unbedingtes Erfordernis bezeichnet.

Auf Linien mit schwächerem Zugverkehr, wo insbesondere in der Nacht mehrstündige zugfreie Pausen sich ergeben, ist das Einhalten dieser Bedingungen dann mit Schwierigkeiten verbunden, wenn nach der bestehenden Diensteinteilung der Abschluß der Diensttour des Übergebenden mit dem Beginn der Diensttour des Übernehmenden deshalb nicht zusammenzufallen braucht, weil

die Besetzung des betreffenden Postens während der zug-
freien Pause überhaupt nicht erforderlich ist.

In einem solchen Fall wäre die strikte Beobachtung
dieser Bestimmung gleichbedeutend mit der Unmöglichkeit
der Aufstellung einer den ökonomischen Interessen entsprechenden Diensteinteilung, bezw. mit der Notwendigkeit
eines durch dienstliche Anforderungen nicht gerechtfertigten
Personalaufwandes.

Zur Vermeidung eines solchen wird im Punkte 5
der neuen Grundzüge bestimmt: „Die Übergabe und Übernahme des Dienstes hat in der Regel persönlich stattzu-
finden; Ausnahmen hievon sind nur in besonders begrün-
deten Fällen zulässig.“

Die Modalitäten einer solchen von der Regel abweichenden Dienstübergabe in einer die Kontinuität der
Ausführung des Verkehrsdienstes wahrenden Form festzusetzen, wird in jedem solchen Fall der zur Prüfung
und Genehmigung der Diensteinteilungen berufenen höheren
Dienststelle obliegen.

Um ferner die Aufmerksamkeit des im Dienst stehenden, während des Aufenthaltes der Züge mit bestimmten
Funktionen betrauten Personals nicht abzulenken und die
schädlichen Wirkungen zu vermeiden, welche sich aus der
Unterbrechung einer begonnenen Tätigkeit ergeben könnten,
wurde in den zitierten Punkt die Bestimmung aufgenommen, daß die Ablösung des im Verkehrsdienst verwendeten Stationspersonals tunlichst nicht während des
Aufenthaltes der Züge geschehen soll. Eine peremptorische
Festsetzung dieser Bestimmung konnte mit Rücksicht auf
die stundenlangen Aufenthalte von Güterzügen in Dis-
positionsstationen nicht platzgreifen.

2. Benehmen der Bediensteten. Die kaiser-
liche Verordnung vom 16. November 1851 (Eisenbahn-

Betriebsordnung) enthält im § 15 die Bestimmung, daß die Angestellten einer Bahnunternehmung, welche mit dem Publikum verkehren, demselben stets mit Anstand und Bescheidenheit zu begegnen haben.

Dieser Wortlaut wurde im Punkte 9 der neuen Grundzüge dahin paraphrasiert, daß die Bediensteten im Verkehre mit dem Publikum ein entschiedenes, aber höfliches Benehmen zu beobachten und sich innerhalb der Grenzen ihrer Dienstpflichten gefällig zu bezeigen haben.

Auch das in den bestehenden Instruktionen bereits enthaltene Verbot des Rauchens im Verkehr mit dem Publikum wurde an dieser Stelle aufgenommen.

3. Fahrordnungen, Anhang zu den Fahrordnungsbüchern, Stundenpässe. In Abänderung des Punktes 33 der bisherigen Grundzüge wurden die Angaben, welche die Fahrordnungen, der Anhang zu den Fahrordnungsbüchern und die Stundenpässe zu enthalten haben, nach den bereits in Kraft stehenden Spezialverordnungen mit unwesentlichen Abweichungen einheitlich festgesetzt. (Siehe Artikel 17, Punkt 93 und 94, ferner Artikel 19, Punkt 110 und 111 der neuen Grundzüge.)

Die vorstehenden Ausführungen dürften eine ziemlich erschöpfende Darstellung aller Neuerungen enthalten, welche in der Signalordnung und in den Grundzügen Aufnahme gefunden haben. Manches, was in den Grundzügen neu erscheint, steht bereits in praktischer Anwendung; das absolut Neue wird sich umso rascher einleben, als der Festsetzung jeder als Neuerung aufzufassenden Bestimmung die Tendenz zugrunde lag, bestehende Hindernisse zu beseitigen und in Übereinstimmung mit dem tatsächlichen Erfordernis überall dort Erleichterungen und Vereinfachungen eintreten zu lassen, wo es nach den bisher gesammelten Erfahrungen Schwierigkeiten zu beseitigen gibt.

Die beigefügten Erläuterungen dürften geeignet sein, dem Leser die Grundlinie des Aufbaues der betreffenden Bestimmung und, wo es erforderlich war, auch ihren organischen Zusammenhang mit anderen Maßnahmen erkennen zu lassen, sowie das Ziel zu beleuchten, nach welchem gestrebt wurde.

Den interessierten Kreisen die Kenntnis der Neuerungen zu vermitteln, ihnen den Einblick in den Mechanismus eines so schwierigen Werkes, wie es die Aufstellung neuer Verkehrsvorschriften ist, zu gewähren und sie dadurch dem Geiste ihrer grundsätzlichen Bestimmungen näher zu bringen, war der Zweck dieser Zeilen; sie werden jedoch auch in dem nahen Zeitpunkte, zu welchem das Studium der neuen Signal- und Verkehrsvorschriften aktuell werden wird, einen Wegweiser bilden, dem zu folgen manchen Vorteil zeitigen dürfte.

Wien, 18. Mai 1904.